어느 地理人生 이야기

어느 地理人生 이야기

초판 1쇄 발행 2006년 3월 31일
2판 1쇄 발행 2016년 12월 5일

지은이   김인
펴낸이   김선기
펴낸곳   (주)푸른길
출판등록 1996년 4월 12일 제16-1292호
주소   (08377) 서울시 구로구 디지털로 33길 48 대륭포스트타워 7차 1008호
전화   02-523-2907, 6942-9570~2
팩스   02-523-2951
이메일   purungilbook@naver.com
홈페이지 www.purungil.co.kr
ISBN   ISBN 978-89-6291-372-9   03980

*이 도서의 국립중앙도서관 출판예정도서목록(CIP)은 서지정보유통지원시스템 홈페이지
(http://seoji.nl.go.kr)와 국가자료공동목록시스템(http://www.nl.go.kr/kolisnet)에서 이
용하실 수 있습니다. (CIP제어번호: CIP2016027610)

어느 地理人生 이야기

김인 지음

푸른길

책을 펴내며

이 책은 지리학에 뜻을 두고 지리학으로 입신하기까지의 애환이 점철된 나의 자전적 이야기를 엮은 것이다. 지리학을 업으로 삼고 살아갈 이들에게, 특히 후학들에게 나의 이야기를 꼭 들려주고 싶었다. 2006년 정년퇴임을 기념해서 비매품으로 냈던 책을 10년 만에 다시 정식으로 출간하기로 한 이유이다.

2015년은 내가 평생회원으로 몸담고 있는 대한지리학회가 창립된 지 70주년이 되는 해였다. 대한지리학회 창립 70주년 행사와 학술발표, 특히 나와 함께 지리학과 씨름하던 후학들의 활동과 그들의 면면을 보면서 앞으로 계속 배출될 후학들도 이 책을 읽어 볼 기회가 있으면 좋겠다는 생각이 들었다.

정식 출간을 하면서 내가 정년퇴임을 하던 당시 서울대학교 지리학과 학과장이었던 허우긍 교수의 글과 내가 퇴임 즈음해서 쓴 회고의 글 등을 추가했다.

2016년 11월
김인

차례

■

■

■

부록

프롤로그 : ㅁ자 공간 안에서

7평 남짓한 직사각형 모양의 공간이 오랜 세월 내가 써 온 연구실이다. 정년을 앞두고 연구실의 살림이 불어날 대로 불어나 이제는 책이나 집기를 더 들일 생각도 없거니와 그럴 자리도 없다. 남은 일은 퇴직과 함께 소장품들을 정리하고 방을 깨끗이 비우는 것이다.

문을 닫고 있으면 '밀실' 이 되고 열고 있으면 그 누구에게나 허락된 '열린 공간' 이 되기도 했던 7평의 직사각형 연구실. 그런데 내가 더 좋아하고 아끼는 공간은 그 속에 만들어 놓은 3평 정도의 ㅁ자형 공간이다. 이 공간의 전면에는 연구실 문과 마주 보이도록 책상을 놓았고, 그 책상의 좌우 양편에는 작업대로 쓰는 보조 탁자를 벽면에 붙여 놓았다. 그리고 후면 창가 쪽에는 라디에이터 박스를 끼워서 배열한 높이가 같은 상판들이 있어서 딱 ㅁ자 모양의 공간이 창출된다.

그 한복판에 내가 앉는 회전의자가 '앙꼬' 처럼 들어 있다. 의자를 360° 로 회전하면 내가 가장 긴요하게 쓰는 모든 것, 강의 노트에서부터 리모컨에 이르기까지, 상판 위아래에 놓여 있는 무엇이든 간에 내 손에 잡힌다. 실로 내 연구실의 ㅁ자 공간은 '실시간대로 모든 일의 처리가 가능한 이른바 유비쿼터스 공간' 이 되는 것이다. 그야말로 상아탑이요 일터로서 손색이 없는 공간이다.

이 공간 안에서 지난 33년의 교직 생활을 정리해 보고 싶다는 생각이 들었다. 그래서 정년 퇴임 1년을 남기고 집필을 시작해서 내는 책이 나의 자전(自傳)인 『어느 地理人生 이야기』다. 별로 특출하지도, 체체하지도, 훌륭하지도 못한 소박한 인생이었지만 그래도 나의 지리 인생만큼은 지리(地理)를 사랑하고 업으로 삼는 이들, 특히 후학들에게 이야기책으로 꼭 들려주고 싶다.

나의 이야기는 '지리학과의 만남'에 대한 동기에서부터 시작한다. 여기에는 지리학에 뜻을 두고 세우기까지의 애환이 점철되어 있다. 다음으로 '지리학이란 학문'을 나 스스로 어떻게 정립해 나가는지에 대한 사고와 고민의 흔적을 담았다. '지리학 지킴이'는 지리학과 지리학과에 대한 위상과 부침에 손색이 가지 않도록 노력했던 나의 자화상을 그렸다.

'지리학적 아이디어 산책'은 주로 언론 매체에 실렸던 기고문을 중심으로 엮었다. 국가 정책이나 사회적 이슈를 다루는 데 지리학의 전문적 지식과 아이디어 개진이 얼마나 중요하고 필요한가를 시사한 글들이다. '세계지리학연합 도시 분과'에서는 세계화 시대에 국제 무대에 동참해서 활동한 기록물들을 담았다. 특히 지난 5년 세계지리학연합 국제학술기구의 도시분과에서 운영 위원으로 활동한 내용을 담았다.

'정년 퇴임을 앞두고 이 생각 저 생각'은 나의 지리 인생에 대한 소회를 피력한 것이다. 긴 세월의 풍상 속에서 삼라만상이 그러하듯이 우리 인간도 세상의 온갖 풍상을 겪으며 산다. 거기에는 기억해서 좋을 일들과 기억하고 싶지 않은 일들이 있다. 정년 퇴임에 임해서 가슴에 묻고 가야 할 지난날의 소회들이 하나하나 희망으로 다시 피어나 기억하기 좋은 일들로 거듭나기를 기대하는 마음이다.

이 이야기의 대미를 장식하는 에필로그는 하나님 앞에 엎드려 드리는 나의 고백 성사이다. 명예롭게 퇴진할 수 있도록 주신 은혜가 전지전능하신 하나님의 섭리였음을 깨닫는다.

나의 지리 인생 중심에 서서 도우미로서 함께 동행하는 아내 김정숙에게 항상 감사하는 마음으로 산다.

ㅁ자 공간 안에서 저자 金仁

1부

지리학과의 만남

지리학에 입문하다

정년의 문턱에서 교수로서 서울대에 재직한 33년을 회고해 보니, 지리학을 하게 된 동기와 모교의 지리학과를 택한 사유를 먼저 떠올리게 된다. 지리학과 인연을 맺은 시간을 햇수로 통산해 보면 대학의 학부 전공 4년, 미국 유학의 석·박사 과정 전공 6년, 서울대의 교수 재직 33년을 합쳐 43년이라는 반세기에 접근하는 시간이다.

나와 지리학과의 만남은 가히 숙명적인 것이라 아니할 수 없다. 초등학교 6학년 때 담임 선생님이 반 아이들을 하나씩 불러 네모난 책의 책장을 넘기면서 숫자를 읽어 보라고 하셨다. 어느 페이지는 쉽게 읽었으나 뒤쪽의 페이지는 고개를 갸웃하며 자신 없게 읽었다. 이른바 색맹 검사를 받은 것인데, 나는 적록 색약으로 판정이 났다. 담임 선생님이 "인이는 이공계는 피해야겠군." 하셨다. 나는 무슨 말인지도 몰랐을 뿐더러 대수롭지 않게 듣고 흘려버렸다.

세월이 흘러 고등학교 2학년 때 대학 진학을 위해 문과반과 이과반을 나누었다. 우리나라 인구의 3%가 색맹 또는 색약이라고 한다. 이들은 특정 분야에서 제도적으로 제약을 받는데, 대학 입학 제도에서도 이공계 관련 학과의 지망이 허용되지 않는다는 것이다. 나는 꼼짝없이 문과반을 택할 수밖에 없었다. 나는 어려서부터 목공일을 참 좋아했다. 목판에 도형을 그리고 톱질, 대패질, 줄질 등을 하며 개집, 화단, 난간, 책장 등 나무를 가지고 무언가 만들기를 지금도 즐긴다. 외국에 나갔다 올 때면 공구 전문점에 들러 좋은 공구를 사 모으는 게 나의 취미다. 그래서 나는 취미와 소질을 살려서 건축학을 해 볼 뜻도 있었다. 그러나 건축학과는 공대에 속한 학과가 아닌가! 지금은 제도가 완화되어 색약자들도 건축학과 지원이 가능한 것으로 알고 있다. 이렇듯 학과 선택의 폭이 반으로 줄어든 불운 속에서 나는 인문계의 어떤 학과를 선택해야 할 것인지 많은 고민을 해야 했다.

나는 순수 문학이나 어문 계열과는 적성이 별로 맞지 않는 듯했다. 고2 때 지리 수업 시간의 일이다. 지리 선생님(황석근)은 강수량에 관한 설명을 어떤 모델에 적용하여 수식을 전개하며 계량적으로 풀어 주셨다. 지리 과목에서도 수식이나 모델을 쓰는 것이 매우 인상적이었다. 그 밖에도 지리 시간에 배운 수업 내용이 순수 이공계는 아니지만 과학적 성향과 논리와 분석을 토대로 하는 강한 측면이 있다는 사실을 알게 되었다. 눈 때문에 이공 계열을 택할 수 없는 처지이고 인문 계열에서도 앞으로의 진로와 학과를 정하는 문제를 고민하고 있던 와중에 고등학교의 지리 수업 시간은 나로 하여금 지리학이란 학문에 대해 깊이 생각해 보게 하는 계기가 되었다.

건축학에 대한 미련이 있었으나 입학 제도가 나를 막고 있어 인문계의 지리학으로 진로를 바꾸게 되었다. 지리학과의 만남이 인연이라면 자의

반 타의 반이라고나 할까! 그러나 나는 지금 지리학이란 학문을 택한 것에 대해 매우 잘한 일로 생각하며 또 만족한다. 왜냐하면 건축 부문의 학문 영역에서 도시 설계, 주택 건축, 건축법, 도시 조경 등은 지리학의 학문 내용과도 밀접한 관계가 있기 때문이다.

지리학으로 진로는 결정했으나 어느 대학의 지리학과를 택할지, 즉 대학과 학과의 선택 문제가 나를 또 고민에 빠뜨렸다. 내가 고1이었던 1957년에는 서울대학교 사범대학에 지리교육과가 있었다. 그러나 사대 지리교육과를 가기가 좀 망설여졌으니, 선친께서 당시 서울 사대 교수로 재직하고 계셨기 때문이다. 나의 짧은 생각으로는 아버지와 같은 대학에 다닌다는 게 왠지 싫었다. 그러던 중 1958년 고2 때에 '서울대 문리과 대학에 지리학과 설립'이라는 기사가 났다. 가슴앓이만 하던 나의 속 걱정을 한순간에 씻어 준 낭보였다. 그 이듬해인 1959년에 나는 서울대 문리과대학 지리학과에 무난히 입학을 하였으며, 1963년에 지리학과의 제2회 졸업생이 되었다.

나와 지리학과와의 만남이나 학과의 선택은 다소 우여곡절을 거쳐야 하는 인연이었으나 그 때마다 잘 풀리는 운명이었던 듯하다. 지리학에 대한 남다른 애정과 감사하는 마음은 가히 숙명적이라고 할 수 있다. 그래서 나는 지리학을 천직으로 삼고 모교 지리학과의 교수로 33년간 봉직할 수 있었다.

제2의 고향 채플힐

　나의 지리 인생 여정의 기억에서 빼놓을 수 없는 귀한 추억이 담긴 곳이 있으니 거기가 바로 미국 동남부 노스캐롤라이나 주의 작은 도시 채플힐(Chapel Hill)이다. 약관 25세의 나이에 청운의 꿈을 안고 그곳에 처음 발을 디뎠던 때가 지금으로부터 40년 전으로 거슬러 올라간 1966년 9월의 이른 가을이었다.

　채플힐은 1789년에 설립된 주립대학교 노스캐롤라이나 대학교 채플힐 캠퍼스(University of North Carolina – Chapel Hill)가 있는 전형적인 캠퍼스 타운이다. 상주 인구가 4만 명으로, 학기가 시작될 때면 3만여 학생이 북적되는 활기찬 도시였다가 학기가 끝나는 즉시 조용한 도시가 된다. 채플힐은 인구당 박사 학위 소지자의 비율이 세계에서 가장 높은 고학력 도시, 미국 전역과 세계 각지에서 모여든 사람들의 코즈모폴리턴 도시, 상주 인구의 대다수가 교수 · 학생 · UNC 종사자와 부유한 은퇴 노년층이 많은 대학 도시, 그리고 지리적으로 보수성이 강한 남부 기독

UNC 교정에서

교 벨트(또는 바이블 벨트)의 정서와는 달리 자유 사상의 활력이 넘치는 '사막의 오아시스'와 같은 자유 도시이다.

채플힐은 비록 작은 도시이지만 여느 도시와는 차별되는 도시 문화의 매력 때문에서인지 주민의 자부심이 아주 대단하다. 그들은 UNC의 일간지인 대학 신문을 즐겨 읽으며, UNC-TV 채널을 틀어 교육·학술·예술 등의 고급 문화를 접하고 해설과 비평을 곁들인 뉴스와 세계 정보를 입수한다. 그래서인지 주민들은 대학 이름과 도시의 앞 글자를 따서 도시를 아예 UNC-CH라고 합쳐 쓰거나 채플힐과 UNC-CH를 엇바꿔서 쓰기를 즐긴다. 이는 얼마나 대학과 도시가 밀착되어 있는 공동체인가를 보여 주는 좋은 본보기이기도 하다.

내가 그 많은 대학 중에서도 UNC의 지리학과와 인연이 닿아 지리학을 공부하게 된 것을 행운으로 생각하며 감사한다. 또한 이 도시 UNC-CH에 대한 강한 애착과 깊은 사랑을 간직하고 있다. 거기에는 그럴 만한 이유가 있다.

UNC는 아름다운 자연 속에 고색창연한 캠퍼스를 지닌 종합 대학으로서, 최첨단의 대학 인프라가 잘 구비된 자연·인문·사회 분야의 학과가 고루 갖추어진 전형적인 문리과대학의 성격이 농후하다. 미국에서 상위 10위권 안에 드는 학과가 많은 대학으로도 유명하다. 특히 UNC의 도시계획학과는 상위 5위 안에서 다투는 학과로, 나는 여기서 도시계획학을 부전공했다.

UNC는 내가 지리학을 전공하고 학자 예비군으로서 학문적 식견을 넓히고 성장하는 데 훌륭한 학문적 배경과 비옥한 토양이 되어 주었다. 1966년 대학원 입학 첫 학기에 하겟(Haggett)의 『*The Locational Analysis in Human Geography*』란 인문지리학 전문서를 접하게 되었다. 지리학을 재발견한 듯했던 그때의 희열은 지금도 나의 머릿속에 지워지지 않고 남아 있다. 과제물을 작성하느라 먼동이 틀 때까지 타자기를 두드려야 했던 밤샘 공부도 지금은 즐거운 추억거리가 되었다. 고생 끝에 석사·박사 학위를 받고, 지리학이란 학문에 들어서는 가장 중요한 시기의 길목에서 UNC와 채플힐은 나의 지리 인생의 한 획을 긋는 데 가장 큰 영향을 미친 대학이자 도시이다.

UNC-CH는 나에게 학문 외적인 면에서도 매우 의미 있는 곳이다. 집사람을 나는 UNC 캠퍼스에서 처음 만났다. 그녀는 내가 유학 온 이듬해인 1967년에 영문학과의 대학원생으로 입학했다. 이화대학교 영문학과 출신인 그녀로서는 영문학의 명문 UNC에 제대로 찾아든 셈이었다. 그녀의 다소곳한 몸가짐과 반듯한 이마에 웃음 지을 때마다 패는 보조개를 가진 얼굴은 누구에게나 호감을 주었다. 당시 나는 석사 과정을 밟을 때라 공부가 우선일 뿐, 그녀에게 한눈을 팔거나 말을 붙여 본다는 것은 엄

노교수 Dr. John D. Eyre와 함께

두도 못 낼 일이었다. 그러나 천우신조라고 할까, 우리는 소위 캠퍼스 커플이 되어서 1969년 8월에 그녀를 아내로 맞이하는 결혼식을 캠퍼스의 교회에서 올렸다. 이렇듯 UNC-CH는 내게 가장 소중한 사람을 만나게 해 준 매우 의미 있는 장소이기도 하다. UNC-CH는 우리가 학생 부부가 된 2년 뒤인 1971년 9월 16일에 우리의 첫 아기인 딸 명화를 안겨 주었다. 이렇듯 세 식구의 단란한 가정의 출발도 UNC-CH에서 시작되었다.

한편 UNC-CH에서 내가 가장 존경할 수 있는 사람을 만나게 된 것을 큰 복으로 생각한다. 그분은 지금 UNC 지리학과의 명예 교수로 팔순의 노익장을 과시하는 John D. Eyre 박사이다. 나는 이분에게서 지리학만 배운 게 아니라 사람을 배웠다. 인간으로서의 선함과 학자로서의 단호함, 학과는 물론 UNC 업무의 대학통, 그리고 인생 경험과 경륜에서 배어나는 여유와 당당함 등 그의 모든 것이 나의 사숙의 대상이었다. 40년 전 채플힐의 시외버스 터미널까지 나를 마중을 나와 주셨고, UNC-

Carolina Inn 호텔로 나를 안내하여 점심을 대접해 주셨던 분이 그분이다. 유학 시절 나를 자식같이 돌봐 주신 그분과 나는 같은 교수의 입장에서 지금도 교류를 지속하고 있다. 나의 서울대 부임 소식을 알려 드렸을 때 서울대가 UNC보다 더 좋은 대학이라고 추키시며 나의 전도를 축복으로 격려해 주시던 Eyre 박사님.

나는 UNC-CH에서 Ph.D를 취득했고, 결혼을 했고, 딸을 얻었다. 그리고 훌륭한 스승을 만날 수가 있었다. 그래서 나는 UNC-CH를 나의 제2의 고향, 마음속의 고향으로 간직한다. 나의 제2의 고향 채플힐이여 영원하라!

이 한 권의 책

인간은 지리공간상(地理空間上)에서 삶을 영위하며 활동을 한다. 모름지기 그 모든 현상들은 지리공간상의 특정한 위치에서 전개되며, 특정 방향으로 이동과 분화가 이루어지고, 그 영향면은 지리공간상에서 특수한 지역(地域)을 형성한다. 어떻게 보면 지역의 공간 구조(空間構造)는 기하학의 점·선·면의 3가지 요소의 구성 관계에 비견할 수가 있다. 즉, 인간의 취락은 결절(結節) 형태의 점 패턴, 인간의 흐름과 상호 작용은 선 패턴, 그리고 인간 활동의 영향권은 면 패턴. 이것은 바로 기하학적 공간 구조와 유사한 것이다.

이러한 점·선·면의 맥락적 관계의 지역 구조를 이론과 모델을 적용하여 펴낸 책이 1965년에 간행된 하겟(Haggett)의 『*The Locational Analysis in Human Geography*』이다. 유학 간 첫해인 1966년 가을 학기 시작 무렵에 이 책을 처음 만났다. 이 책의 18면을 펴는 순간 나의 시선은 그림에 멈추었고, 그림에 대한 설명을 읽으면서 감명과 경이로움이 더해졌다.

하겟은 지역 분석의 틀로서 5단계의 개념도를 구성했다. 지리공간상에서는 반드시 흐름(movement)이 발생하며 그것은 주향성을 가지고, 흐름의 주향에 따라 공간 극복을 위한 망(network)이 형성된다. 망상의 교차지에서는 결절(node)이 형성되며, 결절의 상대적 위치에 따라 차별 성장에 의한 계층(hierarchy)이 형성되고, 결절 지역은 하나의 통합된 공간으로 특수한 영향면(surface)을 형성한다. 같은 이름으로 1977년에 공저자와 함께 출간한 개정판에서는 6단계로 확산(diffusion)의 개념을 추가하고 있다.

하겟은 5단계 또는 6단계를 거쳐 형성되는 지역 구조를 하나의 개방 시스템으로 간주하고, 개방 시스템 이론의 요체인 개념 요소들을 하나하나 지역 분석의 틀에 맞추어 설명을 시도했다. 즉 개방 체계로서 기능 지

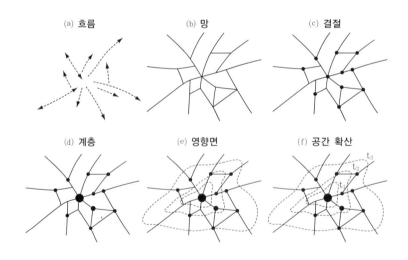

지역의 공간 조직 체계에 관한 단계적 분석 개념도

역(functional region)은 형성 과정에서 에너지 공급이 필요하고, 에너지 수급에 따라 지역 시스템이 정상 상태(steady-state)에 도달하게 되며, 지역의 자율적 균형 조절이 이루어지고, 지역의 기능이 최적 규모(optimum magnitude)를 지속하게 된다는, 그리고 이러한 기능 지역의 형성 과정을 등결말성(equifinally)의 원리, 즉 출발 시점의 지역 조건이 다름에도 불구하고 결과는 유사한 형태의 지역 구조가 형성된다는 논리를 폈다. 그가 자신의 논리를 부연 설명하였듯이 도시라는 기능 지역의 공간 조직의 형성 메커니즘은 에너지 공급 측면에서 항구적인 사람, 물자, 자본, 정보의 흐름이 있어야 한다. 그리고 흐름이 쇄도하면 도시의 성장 또는 스프롤과 같은 현상이 나타나는 반면, 흐름이 축소되면 도시의 성장이 위축되고 유령 도시가 발생한다. 하겟은 이러한 예를 도시가 일정 기간 자율 조절에 의해 정상 상태로 유지된다는 설명과, 궁극적으로는 모든 도시들의 성장 행태가 지구상의 어디에서 출발하든 동일한 프로세스를 거치는 것, 즉 등결말성의 원리로 귀결시키고 있다.

이 책은 여러 측면에서 나에게 의미 있고 소중한 책이 되었다. 우선 1960년대 초만 해도 국내외 지리학계의 지역 연구는 '지역 차이(areal differentiation)'와 '지역의 고유성'을 밝히는 데 연구의 주안점과 노력의 초점이 맞추어져 있었다. 이른바 '지리학에서의 예외주의자'들이 학계의 중심 타선을 잡고 있을 때 하겟의 명저 『*The Locational Analysis in Human Geography*』가 출간되었고, 전통 지역 지리에 다분히 회의와 불만을 가지고 있었던 나에게는 나의 학리적, 나아가서는 이론적 지역 연구에 눈을 뜨게 하고 지역 연구의 방법론을 학습하는 데 훌륭한 길잡이가 되는 책이었다.

두 번째로는 유학 당시 학문의 초보자인 나로 하여금 1960년대 중후

반 이후 사회 과학 분야에서 풍성하게 진행되던 '패러다임' 론에 관한 인식을 공고히 해 준 책이라는 점이다. 또한 지리학계에서 1950년대의 지역주의 전통 사상에 입각한 지역 연구에서 1960년대의 논리 실증주의에 입각한 공간 분석 지리학으로써 지역 연구의 패러다임 전환을 생생히 절감하는 데 경험적 토대를 마련해 주었다.

세 번째로는 10여 년간의 교단 생활 후 『현대인문지리학 : 인간과 공간조직』이라는 지리학 입문서를 저술하는 데 참고가 되었으며, 나의 초기 지리 철학의 기반을 세우는 데 많은 도움을 주었다. 하겟과 나의 책이 지금은 지리학의 학사적(學史的) 맥락에서 볼 때 지역 연구의 중심에서 벗어나는 듯한 하나의 고전에 가까운 책이 되었지만, 지역 연구에서 입지 분석과 공간 조직에 관한 이해가 사상될 수 없는 한 지역 연구의 지평을 넓혀가는 데 이 책들은 그 생명이 계속 견지될 것이라 생각한다.

하겟의 책은 지역의 형성과 성장 발전에 관한 개방 체계론적 해석을 통해 지역 연구를 위한 입지 분석의 모형을 제시해 주고 있다는 점에서 주목하기에 충분하다. 내가 이 책을 처음 접했을 당시에 받았던 신선한 충격과 그 어떤 희열은 지금까지도 잊혀지지가 않는다.

'지리박'과 '지르박'

1959년에 나는 서울대 문리과 대학 지리학과에 진학했다. 지금은 대학교수가 되려면 박사 학위 소지가 필수 요건이지만 당시만 해도 그렇지는 않았다. 나중에 알았는데 그 당시 모교에는 외국에서 박사 학위를 취득한 교수가 한 분도 없었다. 1961년 대학 3학년 때 철학과에 교수 한 분이 학위를 마치고 오셔서 박사 교수님의 강좌를 수강했던 기억이 난다. 45년 전 그 당시 교단에 선 그분의 당당한 모습이 지금도 눈에 선하다. 나는 그 때 학문의 길로 들어서고 대학교수가 되려면 나도 박사, 즉 지리학 박사가 되자고 결심했다.

그해 겨울 방학 때 지금의 용평 스키장으로 스키를 갈 기회가 생겼다. 지금은 스키가 겨울철의 스포츠로 각광을 받고 있지만 당시만 해도 선수 지망생 외에는 극소수의 사람들만이 스키를 타던 때였다. 3박 4일로 스키를 즐겼다. 스키를 즐겼다기보다는 눈비탈을 구르고 엎어지고 엉덩이를 찧는 재미를 더 즐겼던 것 같다. 낮에는 그렇게 스키를 타고 놀았다.

그러나 밤이 되면 민박하던 집 방에서 시간을 보내기가 너무나 무료했다. 초롱불 밑에서 책을 읽는 것도 잠시 동안이고 자꾸만 잡념이 생겼다. 툇마루에 나앉아 하늘을 올려다보니 무수히 뿌려진 별들이 총총히 박혀 있었다. 문득 별똥이 일직선을 그으며 지나는 순간 소원을 말하면 그 뜻이 이루어진다는 옛이야기가 생각났다. 그리고 "갓 시집온 새댁이 시댁 어른의 눈에 들려면 바느질 솜씨가 고와야 한다고. 그래서 새댁들은 정지 밖에 나와서 밤하늘의 별들을 바라보며 별똥이 지나가는 순간에 '가위 · 실 · 바늘' 하고 뇌었단다."라는 말도.

툇마루에 나앉아 별똥이 지나가는 밤하늘을 바라보노라니 지리학 박사가 되어 보겠다던 결의가 상기되었다. 나는 고개를 길게 빼고 별똥 지나가는 찰나적 순간마다 '지리학 박사'를 빠른 속도로 되뇌었다. 그러나 '지리학 박사' 다섯 자를 다 뇌기도 전에 별똥은 사라졌다. 다음엔 머리를 써서 '지리 박사' 넉 자로 줄여서 뇌어 보았지만, 그래도 별똥이 더 빨랐다. 별똥이 지나는 순간마다 계속 뇌었으나 실패했다. 그러다 어느 한 순간 석 자까지, 즉 '지리박'까지는 성공을 했다.

1963년에 대학을 졸업하고 군병역 2년 반을 마친 다음 미국 유학길에 올라, 한창 박사 과정을 밟고 있을 때였다. 아는 사람은 다 아는 바이지만, 대학원 과정에서 C학점을 두 개 받으면 쫓겨났다. 그런데 도시계획론 과목에서 C를 받았다. 아직도 이수해야 할 학과목은 더 남았는데 C를 하나만 더 받으면 나는 도중하차였다. 또 있었다. 이수한 과목을 모두 통과하여도 박사 학위 논문 청구 자격 시험이라는 게 더 있었던 것이다. 이 것을 단번에 통과하는 게 역시 쉬운 일이 아니었다. 시쳇말로 박사 학위는 학위기 증서를 손에 거머쥐는 그 순간부터가 진짜 박사인 것이다. 고국에서 들려오건대 동창 중에 누구는 벌써 과장이 되었고, 누구는 개인 회사 사장이고……. 그러나 나는 만년 학생으로 도서관 구석을 지켜야 하는 신세로 있자니 그 당시의 좌절감과 자괴감을 어찌 다 말로서 형언하랴!

　그러던 유학 시절에 불현듯이 생각난 것이 바로 횡계리 용평 스키장에서 석 자까지 성공한 '지리박' 뇌임이었다. 학부 3학년 때 소원풀이 한답시고 입을 잘못 놀린 게 그만 화근이 되어 '횡계리 별똥－지리박 석 자로 끝이 나고 만 그 때 그 사건!'을 생각하면 지금도 고소를 금치 못하겠다. 지금은 '지리학 박사'로서 교수가 되어 교단에 서고 있으나 하마터면 '지르박' 춤꾼이 될 뻔하지 않았던가. '지리박'에서 '지리학 박사'가 되는 과정은 앞에 붙는 접두어 '지리' 때문에 두고두고 감회가 깊다.

2부

지리학이란 학문

지리학에서 지역(地域)의 의미

　지리학에서 지역(region)은 지표면의 어떤 부분을 구체적으로 점유하고 있는 실체인 동시에 지인화(地人化, regional personification)의 속성을 함께 함축하는 매우 고차원적인 의미체(意味體)로 인식되는 개념이다. 이처럼 지리학에서의 '지역'은 단순히 육(陸)·수(水)·기계(氣界)와 생태계(生態系)로 구성된 자연체(natural body)로서의 지표(地表)가 아니라 인간이 지표를 매개로 하여 만들어가는 땅, 이른바 지인화된 땅을 의미하며 더 나아가서는 지인화에 의해 창출될 땅을 의미한다. 이러한 의미를 가지는 땅, 즉 지역이 곧 학리적 접근을 시도하려는 지리학의 궁극적 연구 대상이자 목적이 된다.

　지리학에서는 땅의 지역적 개성을 부각시키고자 할 때 '장소'라는 말로 표현하며, 땅의 지역적 개성을 사상(捨象)시켜 지역의 내용을 배제할 때 유클리드적 '공간'의 개념을 부각시킨다. 결국 지리학의 본질은 땅, 지역, 장소, 공간과 매우 밀접한 학문이다. 따라서 지리학의 연구 초점은

'지역'에서 출발하여 '지역'으로 귀결되며, 그것은 바로 지표상에서 전개되는 인간 서식 공간의 형성 과정과 그 결과를 지역적으로 연구하는 것이다.

지리학의 지역 연구는 크게 3개 범주로 나뉜다. 첫째는 지표상의 각 지역에 대한 지지적(地誌的) 연구이다. 지지(地誌) 차원의 지역 연구가 지향하는 바는 개성기술적(個性記述的) 접근 방법을 통해서 지표상에 드러나는 지역의 모든 사실과 그 특성을 정확하게 기술함으로써 지역에 대한 이해와 해석을 펴는 데 있다. 지지적 지역 연구는 두 가지 관점에서 매우 중요하다. 그 하나는 지역에 대한 총체적 성격을 포괄적으로 이해(verstchen)함으로써 지역 간 상호 비교 연구를 가능케 한다. 그러므로 지지적 지역 연구를 단순한 기술 체계로 치부하는 것은 매우 단견이다. 또 하나는 자국과 관계된 다른 나라의 지역 자료를 수집하여 지역 정보를 생성한다는 점에서 지지적 지역 연구가 매우 중요하다. 최근 우리나라에서도 관심이 고조되는 이른바 해외 지역 연구(Area Study)도 지지를 중요시하게 되는 지리학의 한 응용 분야이다. 지리학자들은 지역 전문가로서 해외 지역 연구의 수행 능력을 키워야 한다.

둘째는 인간과 지표의 자연환경을 결합한 지역 환경 차원의 지역 연구이다. 인간은 지구와 불가분의 관계에 놓여 있으며 지표를 구성하는 자연 생태계가 인간에게 중요한 것은 다음의 네 가지 포괄적 개념의 기능을 제공해 주기 때문이다. 즉 ① 인간이 각종 활동을 하는 장소(place)의 기능, ② 인간 생태계를 보호하는 보호(protection) 기능, ③ 자원으로서의 생산(production) 기능, ④ 여가(play) 선용의 기능. 지구는 인류의 오직 하나뿐인 서식 공간이란 인식에서 볼 때 인간과 자연과의 관계로부터 파생되는 지구 환경 문제는 지역 연구 차원에서 다루어야 할 지리학의 가장 당연한 연구 과제가 아닐 수 없다.

셋째는 인간이 창출하는 지역에 대한 공간 조직 차원의 지역 연구이다. 지역의 공간 조직에 관한 지리학의 관심은 바로 우리가 사는 생활 공간의 효용성을 높이는 데서 비롯된다. 지리학은 공간 조직에 관한 지역 연구로서 ① 인간이 만드는 지역의 하부 구조가 지표상에서 어떻게 구조화되는가를 설명하는 것, ② 지역의 공간적 효용성을 제고하고 지역의 공간적 사회성을 설명하는 것, ③ 지역의 공간 조직에 대한 개념과 이용의 변화에 대한 설명을 시도하는 것에 지대한 관심을 가진다. 또한 지역에 관한 공간 조직의 이론화 작업을 연구의 중심 과제로 삼는다.

이렇듯 인간이 창출하는 지역에 대한 연구의 관심 초점이 어디에 맞추어지느냐에 따라서 지지적 차원의 지역 연구, 환경 생태학적 차원의 지역 연구, 공간 조직 차원의 지역 연구의 전문성이 부각되지만 지리학적 연구가 지역에서 시작하여 지역으로 귀결된다는 점에서 지역은 지리학 연구 대상의 알파요 오메가다.

지리학 연구의 기본 사고 체계

　지역은 지표의 일부를 점하거나 또는 그 전부인 실체이다. 인간이 지표를 매개로 창출하는 지인화된 땅(지역)은 하나의 실체인 동시에 우리가 사는 의미체로 부각되는 '세상'으로도 해석된다. 지리학의 연구 대상이 바로 이 '지역'이란 점은 재론의 여지가 없다. 그런데 지역의 개념이 실체 또는 의미체의 어느 한쪽을 더 강조하여 정의되든지 간에 지리학 연구의 기본 사고는 지역의 본질에 관한 개념적 구성을 철저히 할 필요가 있다.

　그러면 지리학적 사고의 접근은 어떻게 출발하여 어떤 계통을 밟아서 지역에 대한 학리적인 연구를 시도해야 할까?

　지리학 연구의 첫 번째 기본 사고는 지역의 본질에 관한 개념적 구성을 철저히 하는 것이다. 지역이 지표의 일부를 점하는 실체이든 인간에게 '세상'으로 다가오는 의미체이든, 지역에 대한 적실한 정의를 내림과 함께 지리학적 연구는 다음과 같은 후속 사고들이 꼭 필요하다.

지리학 연구의 두 번째 기본 사고는 지표상에서 일어나는 모든 사상(事象)에 대한 현상을 지리 공간적으로 인식하는 것이다. 엄밀히 말하면 모든 사상은 지표상에서 이루어지는 현상이다. 그렇기 때문에 지리학은 어떤 사상 자체에 대한 관심보다는 사상들에 대한 그 특정 소재지를 동시에 이해하는 데에 관심의 주안점을 두며 연구의 분석 대상으로 한다. 요컨대 '사상＋소재지(所在地)'로 인식되는 현상들이 곧 지리학의 주요 관심 대상이 된다는 것이다. 비록 타 학문 분야에서 다루는 같은 주제라 할지라도 지리학에서는 그 주제의 소재(所在)와 더불어 주제에 대한 지리 공간 현상을 중시한다는 점에서 학문상의 독특한 성격이 부각되는 것이다.

지리학의 세 번째 기본 사고는 제 현상의 입지성(立地性)에 관한 인식이다. 입지성은 어떤 현상의 장소적 성격과 조건을 지어 주는 개념으로서 위치(location), 사이트(site) 및 분포(distribution) 개념을 내포한다. 모든 현상은 지표상에서 특정 장소에 입지하는데, 입지 상태는 절대적 위치와 상대적 위치를 반영한다. 절대적 위치(absolute location)는 지표 공간상에서 특정한 곳을 점하는 좌표의 개념과 특정 장소의 부지적 성격을 나타내는 이른바 사이트의 복합 개념이다. 이에 대해 상대적 위치(relative location)는 서로 다른 절대적 위치들의 상관적 관계에서 파악되는 위치 개념으로서 상대적 위치를 시추에이션(situation)이라고도 한다. 100평씩 분할된 토지가 도시의 어느 곳에 위치(분포)해 있느냐에 따라서 그 효용이 달라지는 이치는 지리학 연구의 기본 사고의 단초가 된다.

지리학 연구의 네 번째 기본 사고는 지도이다. 지도는 지리학의 필수적 기법으로서 지리적 사고를 공간적으로 펴기 위한 수단이다. 지리학은 광대한 지표의 스케일(scale)을 축소·재생하여 지리적 공간 현상과 문제점을 파악해야 하기 때문에 확대·실험하는 현미경적 기구와는 대조

되는 기법이다. 지도를 통해서 일차적으로 제 현상의 위치가 확인되고, 상호 위치의 관계가 도상에서 파악되고, 나아가서 특정 지역의 입지성과 공간 성격이 지도로 조작된 모델을 통해서 분석될 수 있다. 즉, 지도는 말이 아닌 기호로 서술하고 설명하는 언어의 한 유형이다. 우리가 다루는 지역의 규모(scale)는 지도의 축척(scale)에 비견되는데, 지구 규모(global scale), 대륙 규모(continental scale), 국가 규모(national scale), 지역 규모(regional scale) 및 지방 규모(local scale)에 따라서 그 지역 규모에 상응하는 지리적 사고와 접근 방식에도 차이가 있다. 지도 표기의 기법과 독도의 해상력 기량은 지리학 연구의 필수 요건이 된다.

한마디로 지리학적 연구는 지표의 제 현상에서 출발하여 지역으로 귀결된다는 점에서 지역의 개념 구성, 제 현상＋소재지, 입지성, 지도 등은 지리학 연구의 사고를 체계화하는 데 가장 중요한 기본 요소들이다.

지리학의 학문적 아이덴티티 : 입지성

지표상에서 인간 활동의 제 현상을 지리 공간적으로 파악하는 데 관건이 되는 개념이 '입지성'이다. 입지성은 위치, 사이트(site), 시추에이션(situation), 분포를 일컫는 말이다. 지리학에서 입지성의 함의는 다음과 같은 내용을 전제로 한다.

첫째, 지표(earth surface)를 전제로 한다. 지표상에서 위치는 경 · 위선 좌표의 절대적 자리이며, 사이트는 그 위치의 속성이다. 시추에이션은 절대적 위치 간의 공간 관계를 보여주는 상대적 위치이다. 그리고 절대적 · 상대적 위치가 발전된 개념이 곧 분포이다. 이 개념들 모두가 지표상에서 지리적 사고를 펴기 위한 1차적 요소들이 된다.

둘째, 입지성 그 자체가 장소적 성격과 지리적 현상의 조건임을 전제로 한다. 역사의 무대로서 지리 공간은 인간의 역동적인 정치 · 경제 · 사회사를 담고 있다. 그러나 그것들의 현상을 조건 지어 주는 이해의 단서가 되는 것이 바로 입지성이다. 때문에 지리학에서의 입지성은 역사의 사후 요소로서가 아니라 인간 세상을 구체적으로 지표 위에 각인하는 역동적인 원인 요소로서 이해되어야 한다.

셋째, 입지성의 함의는 실체적 공간의 속성임을 전제로 한다. 전통적 의미의 지역·장소·로컬리티(locality)는 모두가 지표 위의 어디인가에 실재하는 차원의 공간이다. 따라서 지역·장소·로컬리티를 다루는 실재적 차원의 공간과 입지성은 불가분의 것이며 인식 영역 차원의 의미적 공간과는 큰 대조를 보인다.

지리학의 한 패러다임을 형성하고 있는 공간 분석 지리학은 입지성에 기초한 지리학이다. 1970년대 전성기를 이루었던 공간 분석은 전통적 지역 지리의 예외주의적 답답함을 극복했다. 또한 공간 분석은 '경제인' 개념에 기초한 규범적 사고의 의사 결정론적 경직성을 벗어나 인간 행태론에 입각한 공간 분석 방법에 유연성을 가미시켰다. 공간 분석은 거리(distance) 위주로 설명한다는 소위 '거리지리학'이라는 한계를 시간-지리의 연구 방법을 통해 극복할 수 있었다. 이처럼 공간 분석 패러다임의 지리학은 입지성의 중요성을 견지하면서, 실재하는 공간의 지리적 이론 연구를 계속하고 있다.

그런데 공간 분석론이 공간 물신주의로 폄하된 것은 차치하고라도 최근에 와서 시(時)-공(空)이 수렴되는 공간 현상과 극소 전자의 혁명으로 인해 '공간은 시간에 의해 소멸되었다(annihilate space with time)'라는 공간 소멸론이 심심치 않게 거론되고 있다. 성급한 쪽에서는 이제 '지리는 없다'는 단정적 선언도 한다. 그 한 예가 식자층의 '미래의 사회에는 도시가 없는 도시 문명(urban civilization without city)만이 존재할 것이다'라는 글귀에서 시사되는 바와 같다. 그러나 과연 그럴까? 공간은 시간 속으로 침잠되고, 위치·사이트·시추에이션·분포의 지리적 의미는 상실되고 말 것인가?!

그러나 시-공 수렴의 문명 사회가 도래한다 하여도 입지(성)의 중요성은 반감되지 않을 것이다. '리얼타임(real time)'이란 말을 상기해 보자. 지구촌 반대쪽에서 인터넷의 순간 접속은 가능한 세상이 되었으나, 한쪽은 대낮이요 다른 한쪽은 한밤중이니 근무 시간을 적용받은 모든 거래(transaction)가 매끄럽게 이루어질지는 의문이다.

정보화 시대의 정보는 크게 두 가지 유형으로 나누어질 전망이다. 하나는 '손가락 정보'요 다른 하나는 '발바닥 정보'다. 손가락으로 찍어 얻는 정보는 특정 장소가 아니라도 구득이 가능하여 입지가 자유롭기 때문에 분산적이다. 그러나 발로 걸어가 대면 접촉을 통해 얻는 정보는 구체적 장소에서 이루어지기 때문에 집중적이다. 정보 공간은 이렇게 분산과 집중으로 점철된다. 앞으로의 세상이 제아무리 정보화 시대로 간다지만 도시(city)의 하부 구조는 실재할 것이며, 도시 문명(urban civilization)은 보다 정교화되면서 도시의 입지성은 정보의 양과 질을 오히려 지배할 것이다. 따라서 '지리는 있다'라는 논리가 더욱 강조되어야 할 것이다.

이제 지리학의 과제는 지리적 공간의 입지적 현상을 적절하게 학문적으로 소화해 내는 일이다. 그것이 기술하는 지리학이든, 해석하는 지리학이든, 설명하는 지리학이든 말이다. 그래서 학문의 아이덴티티를 입지성에서 찾을 때 지리학의 성격은 더욱 확실해지고, 지리를 연구하는 사람의 프로 정신은 더욱 돋보이게 될 것이다.

지리학은 경국대전(經國大典)

　'지리' 하면 지도와 여행을 떠올리는 사람이 많다. '지리학' 하면 암기를 많이 해야 하기 때문에 재미없는 학문으로 치부해 버리는 사람도 많다. 다 맞는 이야기일 수가 있다. 그러나 지리학을 전문으로 하는 사람들은 지도를 단순히 보는 그림이 아니라 도엽에 담긴 내용을 파악하기 위해 약속된 기호들이 도식화된 또 다른 유형의 언어로 인식한다. 그래서 지도는 본다고 하지 않고 읽는다고 하며, 따라서 독도(讀圖)란 용어가 나왔다. 지도의 해독 능력은 곧 지리학을 위한 '기초 체력'과 같다. 지리학에서 '여행'은 관광 차원의 단순한 즐김이 목적이 아니라 어떤 주제에 대한 현장 학습의 과정과 같은 것이다. 그래서 지리학도들은 '여행'이란 말 대신에 '답사'라는 용어를 더 즐겨 쓴다. 또 지리학은 암기해야 할 지명 등이 수없이 많고 위치 파악이 중요하기 때문에 '지명 + 위치'를 함께 머리 속에 입력하는 습관과 노력이 매우 필요한 학문이다. 골치가 아프더라도 영어를 제대로 하려면 단어와 구문을 많이 알아야 하는 것과 같은 이치이다.

　나는 학생들에게 지리학의 학문적 특성을 자랑삼아 이야기할 때 다음과 같은 3가지의 뼈 있는 말을 농담 삼아 들려준다. 첫 번째는 지리학은 그 연조(年條)가 매우 오랜 학문이다. 인류가 직립 보행하며 문자를 발명하여 기록이 가능해졌을 때 지리학은 이미 학문적 성립이 이루어졌다. 기원전 2세기경에 에라토스테네스(Eratosthenes)는 지리학(geographika)이라는 용어를 최초로 쓴 지리학 책을 저술했으며, 기원 전후로 해서 로마의 스트라본(Strabon)은 지지서(地誌書)로 간주되는 지리지(Geographia) 17권을 저술하였다. 2세기경 프톨레마이오스(Ptolemaeos)는 경위선이 그려진 지구 형상에 상당히 근접한 매우 과학적인 세계 지도를 펴냈다. 이와 같이 지리학은 문헌상으로 고증이 가능한 학문의 토대로 보아 타 학문 분야에서는 찾아보기 힘들 만큼 그 연조가 매우 깊은 학문이다.

　두 번째는 지리학은 학문의 중심에 서는 기초 학문이다. 나는 3대 기초 학문으로 지리학을 포함해서 물리학과 심리학을 꼽는다. 물리학은 물질의 구성, 심리학은 인간의 마음 작용, 지리학은 땅의 창출을 학리적으로 규명하는 학문으로서 삼라만상의 기초가 바로 물(物)이요, 심(心)이요, 지(地)이다. 이 삼위일체를 기초로 해서 여러 학문 분야가 가지를 쳤고, 지금의 학문 영역은 다기다양해졌다. 여기서 또 한 번 농담 섞인 이야기를 해 본다면 물리(物理)·심리(心理)·지리(地理)만이 리(理) 자로 인수분해가 되는, 즉 물·심·지가 기초 학문의 바탕이며, 후속 파생 학문 분야들은 '리' 자가 붙지 않는 학명을 가질 뿐이다. 이를테면 사회 과학 분야에서 정치학, 사회학, 언론정보학, 사회복지학 등은 학문의 연조도 짧을 뿐더러 크게 보아 3개 기초 학문 분야로부터 분파된 학문 영역들이다. 지리학과 관련된 여러 영역의 학문 분야가 전문화를 위해 떨어져 나갔지만, '땅'과 연관된 이들의 분파 학문들은 다시금 지리학이 그들 학문의 모학(母學)임을 인식하고 각개 약진하는 행보에서 감수해야 할 학문적 한계를 간과해서는 안 될 것이다.

세 번째는 지리학은 '경국대전'이다. 고려조에 이어서 조선조 성종대에 집대성된 법전이 경국대전이다. 나라의 치산치수와 백성을 다스리기 위해서는 제도로서의 법전(法典)이 잘 갖추어져 있어야 한다. 경국대전은 이전(吏典), 호전(戶典), 예전(禮典), 병전(兵典), 형전(刑典), 공전(工典)의 6개 항의 법전이다. 국가의 통치 및 경영을 위한 전략과 정책을 펴는 데 기초가 되는 지리학의 학문적 성격은 경국대전에 비견할 수가 있다. 일국의 통치권자가 훌륭한 통치권의 철학과 기량을 발휘하기 위해서 쌓아야 할 지식이 지리학이며, 그런 의미에서 지리학은 곧 '대통령학'이라 해도 과히 틀린 말이 아닐 것이다. 그래서 나는 지리학을 전공하는 학생들에게 자부심도 북돋아 줄 겸 '지리학은 경국대전이다'라는 말을 즐겨서 한다.

생활 속의 지리

지리를 알면 일상생활이 편해진다. 인간은 지표의 넓은 공간인 땅을 활용하면서 산다. 넓은 공간의 땅 요소요소에 인공물이 만들어지고 요소요소의 장소는 인공물을 연결하는 통로를 따라서 활성화된다. 그리하여 장소 간의 관계적 기능이 더 큰 기능을 창출한다. 지리는 바로 땅의 요소요소 간의 맥락적인 관계를 공간적으로 펴서 이치적으로 따져 보는 것이다. 그래서 지리에는 땅의이치란 말이 함축되어 있다. 특정 요소의 지점 (위치)과 그 지점의 기능을 잘 아는 것도 중요하다. 하지만 그보다 더 중요한 것은 주요 요소들의 지점과 특성을 모두 꿰어서 전체 공간의 지리적 활용성에 대해서 이치적으로 파악할 때 인간이 만들어 놓은 땅에 대한 이용도를 더욱 높일 수가 있다는 것이다. 구슬이 서 말이라도 꿰어야 보배가 되듯이, 땅도 주요 지점의 요소들을 잘 꿰어서 볼 수 있어야 좋은 땅이 된다는 것이다.

지리를 알면 일상생활이 더 편해질 수 있다는 사실을 좀 더 구체적으로 이야기해 보겠다. 내가 서울대학교에 처음 부임한 1973년 당시, 대학은 지금의 동숭동 대학로에 있었고 우리 집은 서울의 서쪽 끝 강서구 화곡동에 있었다. 그 때는 지금같이 지하철 노선이 발달해 있지도 않았고 자가 운전의 승용차는 아주 제한된 교통 수단이었다. 일반 대중들은 오로지 노선버스에 의존할 수밖에 없었던 것이 당시 서울의 교통 사정이었다.

　나도 물론 당시 버스를 이용해서 출퇴근을 하였다. 내가 이용하던 버스는 화곡동을 기점으로 해서 종로 5가에서 회차하여 화곡 종점으로 되돌아가는 노선이었다. 노선의 편도 길이가 장장 15km로 버스 노선 중 가장 길고 승객 운송량이 가장 많은, 소위 황금 노선으로 불리던 노선이었다. 이 버스 노선은 화곡 종점에서 출발해서 양화교를 지나 합정동, 신촌 로터리, 아현 고개, 광화문, 종로통, 종로 5가(회차 지점), 청계천 5가, 청계로, 종로 2가 진입, 광화문, 다음엔 오던 방향의 역코스로 화곡 종점에 이르기까지 주행 시간이 2시간 이상 걸렸다. 퇴근길에 종로 5가에서 버스를 타면 화곡 종점까지 1시간 20분 정도가 소요되었다. 하루 일과를 끝내고 초만원인 버스를 타고 앉지도 못한 채 지친 몸을 세워 마냥 서서 가노라면 정말이지 그런 지옥이 따로 없다는 생각이 들었다.

　그래서 나는 퇴근 시 버스를 타면 '어떻게 해서든지 자리를 찾아 앉아가기 작전' 수립에 골몰했다. 퇴근 시 초만원의 버스 안에서 좌석을 차지한다는 것은 하늘의 별 따기였다. 자리를 차지하는 것 자체가 전쟁을 방불케 했다. 일단 나는 종로 5가에서 버스에 오르면 승객 틈을 비집고 들어가면서 자리에 앉아 있는 사람들의 인상착의를 유심히 보았다. 특히 까까머리 총각이 앉아 있는지를 먼저 확인하고, 그가 무거운 책가방을 들었는지의 여부를 확인한다. 이럴 경우, 총각이 앉아 있는 자리가 나의 1차 자리 쟁탈의 목표가 된다. 나의 2차 목표는 젊은 여성이 앉아 있는 자리이며, 그녀의 화장 정도와 특히 입술에 바른 립스틱과 손톱의 매니큐어를 눈여겨보아 둔다. 이렇게 자리 탐색을 하는 동안 내가 탄 버스는 종로 5가에서 회차하여 청계로를 지나 청계 2가에서 종로 2가 방향으로 진입한다. 이 때가 되면 나는 1차 목표인 까까머리 총각이 앉아 있는 좌석 옆에 바짝 붙어서 밀리지 않고 서 있는 자리를 고수하기 위해 안간힘을 쓴다. 까까머리 총각이 차에서 내릴 준비를 하는지 거동을 살피고, 그가 책가방을 챙기면서 바지춤을 잡고 지갑을 꺼낼 때는(당시는 후불제) 더욱 그 자리 옆에 딱 붙어 선다. 그 총각은 드디어 일어나서 자리를 뜬다. 당시 종로 2가 주변 일대는 성문 안의 유명 학원들이 밀집해 있었다. 까까머리 총각의 인상착의에서 읽을 수 있듯이 그가 학원 수강생일 것이라는 나의 예상이 적중한 것이다. 저녁 시간대에 종로 1가 일대는 학원 수강생들로 붐비는 곳이었다(지금은 성문 밖의 도시 외곽으로 분산되었지만). 나는 속으로 쾌재를 부르며 냉큼 총각이 앉았던 자리를 차지하였던 것이다.

그러나 만에 하나 작전이 적중하지 않을 경우를 대비해서 보아 둔 자리가 제2의 목표다. 나는 버스 속을 비집고 들어가 입술을 짙게 바른 여성이 앉아 있는 좌석으로 바짝 다가선다. 버스는 다시 종로 1가와 광화문 쪽으로 접근한다. 이 노선 구간에서 화장을 짙게 한 젊은 여성들이면 일단 하차하지 않을까 하는 개연성을 생각해 본다. 이 일대 무교동은 저녁에 영업이 붐비기 시작하는 유흥가가 발달한 곳이기 때문이다. 이러한 도심의 일터를 찾아서 가는 젊은 여성들의 출근 시간대가 나에게는 곧 퇴근 시간대가 되어서 버스 안에서 맞아떨어지는 것이다.

나는 이렇게 서울의 지리를 이용해서 나의 의사 결정과 행동을 지리의 이치에 결부시켰던 것이다. 그렇게 함으로써 초만원의 퇴근 버스를 타고

서도 종로 2가나 광화문부터는 '입석 버스'가 아닌 '좌석 버스'를 탄 듯이 하루 일과에 지친 몸을 좌석에 푹 묻은 채 종점까지 갈 수가 있었다. 앉아서 가는 확률이 100%는 아니었지만 거의 90%는 되었다.

지점마다의 '지리'를 알고 나아가서 지점들을 합쳐서 보는 공간의 지리에 대한 이치를 알면 그만큼 우리는 일상 속의 생활을 보다 편리하게, 안전하게, 최소의 비용으로 최대의 효과를 누릴 수가 있다. 코미디 같은 이야기지만 '지리'는 우리가 제대로 인식해야 할 생활 속의 기초이기도 하다.

도시와 도시지리학

도시는 다면적 속성 간의 유기적 결합체라 할 수 있다. 이러한 도시의 구조와 시스템을 이해하고 연구하는 데 여러 학문 분야가 참여하게 된다. 재미있는 것은 '도시'라는 단어 뒤에 접미어가 붙어서 도시사회, 도시경제, 도시교통, 도시지리, 도시계획 등등의 도시와 관련된 학문 영역이 된다는 점이다.

그러면 과연 도시를 대상으로 연구하는 지리학, 즉 도시지리학은 어떠한 성격의 학문일까? 한마디로 정의하기는 어렵지만 '도시를 지리적으로 연구하는 학문'으로 우선 정의해 보자. 최근 지리학의 연구 동향을 보면, 도시지리학자 이외에도 많은 지리학자들 사이에서 도시 자체에 대한 연구 관심이 높아지고 있다. 실제로 도시지리학의 차원을 넘어서 도시에 관한 다양한 주제가 그들 자신의 연구 관심과 접목된다. 또한 도시를 매개로 하는 학문 영역의 발전과 도시에 대한 학제적 연구 성과도 괄목할 만한 것이어서 지리학 분야와 타 학문 분야의 안팎에서 생성된 도시에 대한 연구 지식의 축적, 이론적 체계, 담론들은 한없이 넓고 다양한 것이 되었다.

그러나 이러한 도시 연구의 지식, 이론, 담론들은 특히 산업 사회 이후 최근의 도시지리학적 연구와 지적 발달의 많은 부분을 매우 혼란스럽게 만들고 있다. 그 이유인즉, 인식론적 철학의 바탕에 의해 전개되는 논쟁과도 무관한 것이 아니지만 그보다는 도시 연구의 많은 참여자들이 다양한 주제와 논점의 방식을 개인적 차원에서 선별적으로 접근하는 경향 때문이다. 이로 인해 1990년 이후의 도시지리학에는 통일된 이론 체계가 실종되다시피 했다. 그 결과로서 도시지리학자들은 총체적 도시 이론에 대한 경계심과 공개적인 이론적 논쟁을 기피한다는 지적까지 받고 있다.

도시지리학이 도시에 대한 다양한 관심과 관점들을 표방하여 도시를 이해하고 설명하는 학문으로서 연구의 영역을 넓혀 가는 것은 매우 바람직한 일이다. 그러나 최근 도시지리학의 연구 경향에서 나타나듯이 학문적 성격의 공감대, 학문 목표의 구심점, 학문의 응집력이 결여된 채 연구가 진행된다면 이 또한 경계해야 할 문제이다. 특히 현대 도시지리학에서는 이러한 문제들이 극복되어야만 도시지리학의 정체성이 뚜렷해지고 타 학문과의 차별성이 강화될 것이다.

도시지리학의 정체성과 타 학문과의 차별성을 다음과 같은 차원에서 생각해 보면 어떨까?

첫째, 논리의 비약이 될지 모르겠으나 도시지리학에서의 도시는 그 자체가 곧 지역이라는 명제로 받아들여져야 한다. 이러한 논리의 연장선 상에서 도시지리학 연구의 제일 목적은 도시를 지역의 관점에서 다루어야 한다는 것이다. 따라서 도시를 통해서 지역지리, 계통지리 및 독립된 도시학 영역이 만나게 되면 지역을 기초로 한 도시 연구의 지리적 성격이 부각될 것이다.

둘째는 도시지리학 내에서의 도시는 지리적 실체라는 인식이 매우 중요하다. 도시 구성 요소의 지리적 특성, 즉 위치나 분포와 같은 개념이 배제된 도시지리학은 도시 담론의 한계를 벗어나기 어렵다. 도시 지리 연구에서 도시는 특정한 인식론에 근거한 사변적 논의의 대상이 되어서는 곤란하다. 그것보다는 도시 실체의 구성 요소 간의 관계에서 나타난 도시 현상을 시—공의 맥락에서 지리적으로 이해하고 설명할 때 비로소 도시지리학의 연구 구심점이 확고해질 것이다.

요즈음에는 도시라는 단어 앞에 접두어가 붙은 새로운 개념의 도시가 연구의 관심 대상이 되고 있다. 세계 도시, 정보 도시, 지속 가능 도시, 생태 도시 등등이 바로 그것이다. 이들은 도시 연구에 새로운 패러다임을 예고하는 것이기도 하다. 도시지리학도 이런 도시 개념들을 수용하고 있다. 그러나 새로운 개념의 도시 연구가 '지리적'으로 여과될 때만이 도시지리학의 정체성과 차별성은 확고히 견지될 것이다.

패러다임의 변화가 도시 연구에 많은 변화를 가져올 것은 명백하지만 도시지리학의 본질은 예나 지금이나 같아야 할 것이다. 결론적으로 도시를 지역으로 보는 관점, 도시를 지리적 실체로 보는 관점, 그리고 타 도시 학문과의 차별화 관점은 도시지리학이 견지해야 할 금과옥조와 같은 계명이라고 생각한다.

3부

지리학 지킴이

계열별 모집의 후폭풍

내가 서울대학교에 입학했을 때가 1959년도이며 교수로 부임했을 때는 1973년도였다. 그때만 해도 대학 입학 전형 방식이 비교적 단순해서, 수험생들이 자신이 원하는 특정 학과를 지원해서 합격과 동시에 전공 학과가 정해지는 입학 제도였다. 그러나 지금은 대학 신입생의 선발 방식도 다양해졌을뿐더러, 학부 1년 과정을 마친 뒤 시차를 두고 2학년으로 올라갈 때 학과를 지망하는 소위 '선 입학 후 학과 지망'이라는 학과 진입 제도도 생겨났다. 이러한 제도를 별칭해서 '계열별 모집'이라고 했다. 서울대학의 경우 선 입학 후 학과 지망 선발 제도가 1974년도에 처음 도입되었다가, 1981년에 많은 논란을 야기시키면서 우여곡절 끝에 폐지된 바 있다.

당시 지리학과의 모집 정원은 30명이었는데, 과거나 지금이나 법정 정원에는 큰 변동이 없었다. 과별 모집일 경우 학과 지망자 수가 정원 미달이 아니면 모집 정원대로 학생이 채워진다. 그러나 1974년에 실시된 서울대학교의 계열별 모집에서는 학과 정원의 10%를 가산해서 학생을 선발했기 때문에, 사회대의 경우 10개 학과 중 일부 학과에서는 학생 진입이 정원에 미달하는 이상 징후가 발생했다. 학과 지망생들 사이에서 소위 특정 인기 학과로의 쏠림 현상이 나타난 것이다. 결과적으로 모집 정원을 채우지 못한 학과가 생겨났는가 하면 더 배정을 받은 학과가 생겨나 사회대 전체로는 학과 간에 제로섬 현상이 드러났다.

지리학과는 사회대의 계열별 모집 원년(1974년)에 정원(30명)에 못 미치는 19명의 학생을 배정받았다. 1975년도엔 8명, 1976년도 4명, 1977년도 0명, 1978년도 1명, 1979년도 0명, 1980년도 9명, 그리고 1981년도에는 38명. 특이하게도 1981년도에 지리학과에 배정된 학생 수가 38명으로 급증한 것은 가산제가 폐지되고 학과의 모집 정원이 8명 추가되어 38명으로 재조정된 데에 기인한다.

입학 제도의 변경에 따라서 한 학과의 운명이 어떻게 좌우되는가를 극명하게 보여 주는 것이 지리학과의 사례일 것이다. 계열별 모집과 관련하여 지리학과가 경험해야 했던 악몽과 같은 과거사를 이제야 여기에 털어놓는다.

무엇보다도 학과 지망생의 급감은 학과의 존립을 부정하는 사건과 같다. 1977년도에 입학생이 전무했던 것은 기억조차 하고 싶지 않은 일이었는데, 학과 동문 수첩에도 77학번의 동창 20회기는 아예 빠져 있다. 과거사이기에 망정이지 지금 대학에 불어 닥친 구조 조정을 볼라치면 폐과 조치 1호에 해당한다. 지금은 정상 궤도에서 학과가 운영되고 있지만 지리학과의 가장 쓰라린 상처는 학과와 지리학이란 학문에 대한 사회적 이미지 실추였다. 지금에 와서도 실추된 이미지를 만회한다는 게 그리 쉬운 일이 아니다. 그 후유증은 이러했다.

사회대는 고득점 학생들이 입학 원서를 내는 것으로 정평이 나 있다. 지리학과에 오는 학생 중에는 '지리'가 꼭 하고 싶어서 소신대로 지원하는 학생도 있고, 소신보다는 자기 성적(내신, 예비고사, 수능)에 맞추어서 요령껏 지원하는 학생도 있다. 그러나 유감인 것은 지리학과로 소신 지원을 하려는 자녀를 학부모들이 극구 만류한다거나 진학 상담 교사 중에는 학생의 의사와는 상관없이 특정 학과로의 진로를 유도하는 예가 많다는 사실이다. 그것이 소위 커트라인이 높다는 학과로의 진학률을 높이기 위해, 그리고 고등학교 간의 입학률 경쟁 때문이란 말을 학생들을 통해 들으면서 지리학(과)이 사회에 기여하는 만큼의 평가와 대접을 제대로 받지 못하는 게 나로서는 매우 유감이 아닐 수 없다.

나 개인에게도 학과 지망생의 정원 미달은 큰 충격 이상의 것이었다. 청운의 꿈을 안고 유학을 마친 뒤 박사 학위 제1호로 모교 지리학과에 등단한 나로서는 더욱 그러하였다. 비록 1년차 풋내기 교수였지만 학과의 정원 미달 사태는 나의 자존심과 명예와 권위를 건드리는 일이 아닐 수 없었다. 한때는 지리학과의 전체 교수와 전 학년의 재적 학생 수가 같아져서 한두 학생을 놓고 강의를 할 때면, 유명한 영국 옥스퍼드 대학의 교수와 학생 간의 1:1 튜터링십을 떠올리며 자조의 웃음을 지어 본 적도 있었다. 수강 학생 수가 어느 정도는 되어야 강의도 신명이 나는 법이 아닌가. 학과 발전을 위한 미래 지향적 설계를 펴는 데에도 학생 수가 적으면 큰 지장을 받는다. 일례로 교수의 적정 수를 확보하기 위해 교수 정원(TO)을 신청하고자 할 때도 한때는 당국의 눈치가 보였었다. 학과 운영도 교수와 학생의 머릿수에 비례하여 지원을 받게 되므로 학과 운영상 손해 보는 경우가 많았다. 결과적으로 학과의 '파이'를 키워 과세를 확대 재생산하는 데 계열별 모집 제도는 지리학과에 많은 후유증을 안겨 주었다.

입학 제도의 변경으로 인해서 나와 지리학과가 받은 영향(상처)은 마치 태풍이 쓸고 간 뒤의 '후폭풍'과 같은 것이었다고나 할까! 과별 모집이건 계열 모집이건 학문의 지속 가능한 발전을 위해서는 적정 규모의 교수와 학생이 확보되어야 한다. 지리학과가 계열별 모집에 의해서 한때나마 배정받은 인원이 0명에서 1981년도엔 38명. 이것은 학과를 기사회생시키는 결정적 계기가 된 사건이나 다름이 없다. 1981년에 입학한 38명의 학생 중 현직 교수가 된 졸업생이 7명, 연구직 종사자가 3명이다. 이 사실이 주는 교훈과 시사점을 우리는 제대로 읽어야 할 것이다. 학과의 성장 동력은 바로 적정 수의 학생 확보라는 사실이다.

자연대 동에서 사회대 동으로

연건 캠퍼스와 수원 캠퍼스를 제외하고 동숭동(지금의 대학로)의 대학 본부를 포함한 서울의 9개 단과 대학이 관악 캠퍼스로 이전을 한 게 1974년도였다. 당시 지리학과는 서울대학교의 12개 단과 대학 중 문리과 대학에 속해 있었다. 서울대학교가 관악으로 이전하면서 문리과 대학은 인문과학대학, 사회과학대학, 자연과학대학으로 나누어졌고 지리학과는 당시 10개 학과로 구성된 사회과학대학에 속하게 되었다. 소위 3개 기초 학문 대학이라 하여 캠퍼스의 중앙인 본부와 중앙 도서관을 중심으로 인접하여 자연대 동과 인문·사회과학대 동들이 서로 대각선 방향으로 군집 배치되고 그 외곽으로 타 단과 대학과 연구소 등의 부대 건물들이 캠퍼스 순환 도로 안쪽과 일부 바깥쪽에 빽빽이 배치된 게 지금 캠퍼스의 골격을 이루고 있는 모습이다.

캠퍼스가 관악으로 이전되면서 어떻게 된 영문인지 사회대의 지리학과만이 자연과학대학의 24동으로 이사 오게 되어 사회대와 동떨어져 있게 되었다. 나는 당시 모교 지리학과에 부임한 바로 이듬해라서 저간의 사정은 잘 모르는 채 이사를 가게 됐다. 나중에 보니 사범대 동으로 가야 할 지리교육과도 24동으로 배정을 받아 이웃사촌이 되었다. 당시 들은 얘기로 캠퍼스 이전 비용도 엄청났을 뿐더러 짐을 나르는 이사 기간만도 거의 2개월, 게다가 구교정의 거목들을 서울 시내 육교 아래로 운반해야 하는 작전 수립이 마치 전쟁을 방불케 했다고 한다.

사회과학대학에 속한 지리학과가 자연대 동에 자리를 잡게 된 데는 두 가지 설이 있다. 하나는 지리학이 자연과학적 성격도 있기 때문에 이를 감안해서 자연과학 계열의 대학 동으로 이사하는 계획이 사전에 짜여져 있었다는 설이다. 그런 연고로 사회대의 지리학과와 사범대의 지리교육 과는 자연대 동으로 입주하도록 사전 계획이 되어 있었다는 게 정설로 되어 있다. 또 하나는 관악 캠퍼스로의 이전 시 일부 교수들이 자기 전공 과 유관한 3개의 인문·사회·자연대의 학과로 자리 이동을 하였는데 이때 지리교육과의 두 교수가 사회대 지리학과로 합류하였다. 이 중 지 형학 전공의 교수가 지질학과, 기상학과, 천문학과, 지구과학교육과가 모여 있는 24동을 주장해서 낙찰되었다는 설도 있다.

정설이든 낭설이든 아무튼 사회대 소속의 지리학과가 사회대 본동과 는 멀리 떨어져서 7년간을 자연과학대 동에서 더부살이를 하게 된 것이 었다. 막상 사회대 동과 떨어져 있다 보니 학과로서는 불편한 점이 한두 가지가 아니었고 학과 운영상 불이익도 감수해야 했다. 우선 사회대 행 정실이 멀어서 공문 처리가 지연되고 학과장 회의와 전체 교수 회의 등 의 공식 행사에 또한 지장이 많았다. 사회대 교수들과 교분을 쌓기가 쉽 지 않고 사회대의 주 무대에서 빗겨 있다 보니 지리학과 학생들에게도 불편함과 불이익은 마찬가지였는데, 우선 학생들에게는 강의실 이동이 매우 힘겨운 일이었다. 지리학 강좌를 24동에서 듣고 사회대 동으로 가려면 10분 이상이 소요되어 타 강좌 수강에 지장이 많았고 지각하기가 일쑤였다. 사회대 동에서 수강할 수 있어야 할 지리학 강좌를 자연대 동에 가서 들어야 하니 학생들에게는 생뚱맞기도 해 지리학 과목의 수강 신청을 포기하는 등 수강률에도 영향을 미쳤다.

지리학과는 사회대에 속한 학과이고 또한 학문의 성격상 자연대 동에 있어야 할 하등의 이유가 없었다. 애초 자연대 동으로의 이전이 잘못된 것이었고, 첫 단추를 잘못 끼워 생긴 일이므로 지리학과는 다시 사회대 동으로 이전해야 한다는 생각을 하게 되었다. 그래서 나는 어떻게 해서든지 사회대 동으로의 학과 이전을 성사시켜야겠다는 마음의 다짐을 하고 나름대로 궁리를 했다. 그러던 중 1980년도에 학생 담당 학장보라는 보직을 맡게 되어 보직 교수로서 학장단, 사회대 행정실, 서울대 본부의 인사들과 공적 · 사적으로 만나야 할 일들이 자주 생겨 기회가 있을 때마다 학과 이전의 당위성을 피력했다. 한번은 총장도 직접 만나서 이전 문제와 관련한 학과 사정도 말씀드리고 학과 이전 문제를 선처해 줄 것을 강력히 청하기도 했다. 당시 일개 젊은 교수가 대학의 총수 격인 총장을 직접 대면하여 설득하는 것은 꽤나 용기를 필요로 하는 일이었다. 아마도 학과를 생각하는 일념 때문에 나에게도 이런 용기가 생겨났을 것이다.

나는 학생 담당 보직을 내놓고 연이어 학과장 일을 맡아보게 되었다. 이 때 사회대 6동 옆 언덕에 마침 14동이 건설 중이었다. 이 건물이 완공되는 1982년 1월에 지리학과의 사무실과 교수 연구실을 자연대 24동에서 사회대 14동으로 이전시킬 수가 있었다. 1982년 1월의 겨울 방학 중에 학과장으로서 이사를 진두지휘하던 일이 지금도 기억에 새롭다. 7년 만에 나의 뜻이 유종의 미를 거둔 일이라고 생각하여 더욱 감회가 깊었다. 그 후 1984년 8월 7동으로 한 번 더 이사를 했고, 1991년 1월에는 캠퍼스에서 가장 큰 대형 강의동인 사회과학 동(16동)이 건립되어 현재 1개 학부와 8개 학과가 한건물 안에 있다. 서울대학교가 관악으로 이전한 후 지리학과는 모두 네 번에 걸쳐서 동을 바꾸면서 이전을 한 셈이다.

나의 지리 인생의 중심 김정숙

1966년 9월 내가 UNC-CH에 첫발을 디딘 그 이듬해 김정숙이라는 학생이 영문학과(대학원)에 입학을 했다. 그때만 해도 유학생이 드문 시절이라서인지 남녀 구분 없이 누가 오든 대학 캠퍼스에 소문이 일시에 퍼지게 마련이었다. 특히나 유학 오는 여학생은 아주 드물어서 남자 유학생들 사이에서는 입소문과 함께 신상에 관한 정보가 함께 돌았다. '이대 영문과 졸업, 유공의 비서실 근무, 미혼(가장 관심이 집중되는 신상 명세)' 등이 그녀의 아주 정확한 신상 정보였다. 1966년에 유학을 올 예정이었으나 1년이 늦어졌다는 뒷소문도 들리면서 캠퍼스 내에는 그녀에 대한 궁금증이 꽤나 증폭되어 있었다.

소문으로만 듣던 그녀를 나는 한국 유학생들의 크리스마스 파티 공식 석상에서 처음 볼 수 있었다. 그 외에 공식 모임의 자리에서 보거나 캠퍼스 식당에서 어쩌다 스치거나 하는 정도였다. 나는 당시 석사 과정 1년 차에 정식 장학금을 받지 못한 형편인지라 공부하랴 아르바이트하랴 다른 데 한눈을 팔거나 신경을 쓸 겨를이 없던 때였다. 따라서 총각 유학생들 간의 홍일점을 넘보는 일은 이공계, 장학금 수혜자, 박사 과정 수료자(ABD) 들이나 할 일이지 나 같은 처지로서는 결코 가당치가 않은 일이었다.

나는 주경야독의 결실을 맺어 2년 뒤인 1968년 석사 학위를 받고 Ph.D 과정에 들어갔다. 그해 추수 감사절 기간에 한국 유학생과 한인 가족들이 함께하는 야유회가 엄스테드파크(Umstead Park)라는 곳에서 있었다. 야유회는 유학생들 사이에서 준비한 음식을 먹으며 여흥과 운동을 통해서 친목을 나누는 시간으로 유학생들을 자연스럽게 엮어 주는 훌륭한 만남의 장이었다.

나는 야휴회에 동참한 한인 가족 어린아이들과 한쪽 모래밭에서 두꺼비 집을 지으며 동심에 젖어 있었다. '두껍아 두껍아 헌집 줄게 새집 다오' 하고는 손을 쏙 빼면 정말로 둥근 집이 생겼다. 아이들은 자기가 만든 집을 보고는 손뼉을 치고 신기해하며 좋아했다. 이 광경을 뒤에서 당시 그 소문난 여학생이던 김정숙이 지긋이 지켜본 모양이었다. 나중에 그녀가 들려준 이야기인즉 '멋없는 키다리 미스터 김의 어느 구석에 그런 동심의 정서가 숨겨져 있었는지, 아이들이 두꺼비 집을 신기해했다면 그녀는 나의 정서가 너무나도 신기했다' 는 것이다. 몹시도 아이를 좋아하는 그녀에게는 두꺼비 집을 짓는 나의 그런 모습이 예사롭지 않게 보였나 보다.

그해 겨울 방학은 몹시도 춥고 눈도 많이 내린 해였다. 그녀는 그때 20여 일간이나 감기 몸살로 몸져누웠다가 겨우 일어나 회복하는 단계에 있었다. '두꺼비 집' 일도 있고 해서 꽃바구니를 들고 병문안차 그녀의 기숙사를 찾았더니, 여자 대학원 기숙사의 안내 데스크에 앉아 소위 '아르

바이트'를 하고 있었다. 유학생 중에서도 우리 인문·사회계 학생들은 장학금의 기회가 많지 않아서 이공계 유학생보다 상대적으로 경제가 빠듯했다. 인문·사회 계열의 유학생들은 학위를 마칠 때까지 일을 해야 하는 경우가 많았다. 이렇듯 같은 입장에서인지 아픈 몸을 가누며 일하는 그녀의 모습이 너무나도 안쓰럽고 측은해 보이기까지 했다. 꽃바구니를 전하고 나오면서 '일도 좋지만 건강이 먼저이니 무리하지 말라는 호소'가 내 마음 속 깊은 곳에서 울려 나왔다. 그해 크리스마스 이브에 노란 색종이에 감사의 마음을 전하는 쪽지를 받았다. 영어로 쓰여진 그 쪽지의 내용을 지금 그대로 옮길 수가 없지만 감사와 정이 가득 담긴 시구였다.

그 후 UNC 캠퍼스는 우리로 하여금 거리를 두게 할 정도로 넓은 공간이 결코 되지 못했다. UNC 캠퍼스는 우리에게 사랑의 공간, 신뢰의 공간이 되어 가기 시작했다. 우리는 부지불식간에 연인 사이가 되어 있었다. 소위 말하는 캠퍼스 커플이었다. 두 살 아래인 김정숙과 나는 1969년

결혼식을 올릴 교회당 대기실에서

8월 18일 캠퍼스의 교회에서 화촉을 밝혔다. 이제 우리는 노부부가 되어 나는 정년 퇴임을 1년, 아내는 2년을 남겨 두고 있다. 정년을 앞둔 나에게는 우리 부부의 흘러간 세월이 하나같이 예사롭지 않게 여겨진다.

김정숙은 나와 결혼하는 순간부터 지금까지 아내이기 이전에 나의 '지리 인생의 도우미요 지킴이'로서 일관하여 나를 뒷받침해 주고 있다. 나는 본시 언어에는 둔재로 태어난 듯 특히 영어를 중학교 때부터 시작해 10년이 넘게 배웠으나 문법, 독해력, 문장력이 형편없었다. 시간과 노력에 비해 내가 할 수 있는 영어 구사력은 콩글리시의 한계를 벗어나기 어려웠고, 국제무대에서의 고급 영어도 수준 미달이었다. 그러나 김정숙이 그림자처럼 내 곁에 있었기에 나는 영어의 한계를 극복할 수가 있었다.

유학 시절 아내가 동물학과의 시간제 비서로 근무를 할 때였다. 하루는 아내가 학과장이 구두로 불러 주는 내용을 들으면서 그대로 타자로 치며 기안을 작성하는 것을 우연히 보게 되어, 나도 모르게 입을 딱 벌린 채 한동안 꼼짝을 하지 못했다. 아내의 영어가 그런 경지에까지 가 있었기 때문에 영어와 관련된 나의 모든 일들, 즉 영문 논문, 영문 추천서, 영문 요약문 등을 영문답게 고쳐 주는 일은 아내의 몫이 되었다.

아내는 내가 지리학에서 쓰는 용어와 영어 문장을 수없이 봐 왔기 때문에 거의 지리학의 전문가가 되었으며, 자신의 뛰어난 영어 실력을 보태서 내가 쓴 콩글리시를 잉글리시로, 나아가서는 고급 영어로 다듬어 주었다.

지금도 나는 원어민보다 아내가 손질해 준 영어에 더욱 신뢰가 간다. 내가 의도하는 바가 가장 '적확히' 구사되고 전달될 수가 있기 때문이다. 그러나 결혼 후 아내에게 영어를 너무나 의존했던 나머지 내 영어가 향상될 수 없었다는 푸념 아닌 푸념을 입버릇처럼 하곤 한다.

어느덧 노부부

　젊어서 나의 체질은 그리 강한 편이 아니었다. 결혼 후 아내는 내가 쉽게 피곤해하며 지구력이 약한 체질임을 간파하고 내 건강 관리에 각별히 신경을 써 주었다. 장인이 의사셨고 장모가 간호사셨는데, 그래서인지 아내도 의학 상식이 풍부해 내가 아프거나 다치면 바로 의사가 되고 간호사가 되어 주었다.

　결혼 전 나는 식사를 소홀히 하는 편이었다. 공부 때문이었는지 식욕도 부진했고 비쩍 말라서 키만 컸지 별 매력이 없어 보이는 유학생이었다. 아내가 유학을 와서 나를 처음 보았을 때 얼굴에 핏기가 없어서 폐병을 앓고 있는 환자로 오인했을 정도라고 했다. 그런 나와 결혼을 한 그녀는 식사를 걸러서는 안 되고 특히 아침 식사가 중요하다면서 내가 먹던 양의 세 배로 늘려서 접시를 비울 것을 강요하다시피 했다. 정성은 고맙고 갸륵했지만 정상적인 식사의 습관이 몸에 배기까지 그녀가 주는 밥을 다 먹어 비워야 한다는 게 그때는 고역이 아닐 수가 없었다.

　이런 과정을 거치면서 나의 허약한 체질은 아주 건강한 체질로 개조가 되었다. 외식만 하면 소화 불량에 걸리던 내가 이제는 돌을 씹어도 거뜬히 소화해 내는 위를 가지게 되었다. 지금은 거꾸로 너무 많이 먹어서, 과체중이 된 복부 비만의 볼품없는 사나이가 되어서 탈이다. 이렇게 된 나의 몸매를 보면서 곱지 않은 눈으로 나를 감시하는 김정숙을 대하는 나는 입이 열 개라도 할 말이 없을 수밖에. 나의 건강을 한결같이 보살펴 준 김정숙은 내가 지리학에서 소임을 다할 수 있도록 버팀목이 되어 주었다.

내 인생의 동반자 김정숙은 나의 '지리 인생'을 몸소 체험하는 가운데 '지리학'의 진정한 지킴이로서 나와 동행하고 있음을 이제 나는 만인 앞에서 주저 없이 말하고 싶다.

짝을 찾은 아이들

사위에게

산이네 세 식구를 보고 온 후유증이 지금 대단하다. 세 사람 다 내 눈에 밟혀서 내가 하는 일의 진척이 잘 안 될 정도이니까! 특히 산(Saan)이를 생각하면 허리가 아파 절절맬 때보다도 더 안절부절못한단다. 이번에 찍어 온 사진을 사진첩에 끼워 놓고는 산이를 어디서나 무시로 들여다보는 재미로 산다. 나는 e-전자 시대에서 u-전자 시대로 달려가는 유비쿼터스 세상에 일찌감치 돌입한 기분이다.

여기 김포, 서울, 우리나라 전국은 그야말로 찜통 속이다. 하루에 최소한 세 번은 샤워를 해야 하며, 마당일이든 산보든 몸을 조금만 움직이는 일을 하고 나면 그 즉시 샤워를 해야 할 정도다. 아침저녁 선선한 오리건과 포틀랜드가 너희들 못지 않게 그립구나. 우리나라의 여름은 7월 하순에서 8월 초, 정확히는 7월 28일에서 8월 4일 사이 8일간의 한여름은 밤에도 섭씨 29도를 웃도는 열대야가 지속되는, 오리건의 4개월여 질척대는 겨울비보다 더 지겨운 계절이란다.

각설하고 산이가 또 눈에 와서 밟힌다. 그 잘생긴 코며 우렁찬 목소리는 사나이 중에 사나이다. 아무리 제 새끼는 고슴도치라도 곱다고들 하지만 산이는 특별한 고슴도치다. 만인이 보고 즐거워하는 그런 아기, 만인에게 웃음과 기쁨을 선사하는 그런 아기가 바로 산이지. 그런 자식을 낳은 너희들은 큰 축복을 받은 셈이니 항상 감사하는 마음으로 산이를 잘 키우고 또 잘 살아야 한다.

　　명화 너도 내 눈에 항상 밟히는 존재란다. '미·뻐(밉고 이쁘고)' 서도 그렇고 잘하면 잘하는 대로, 못하면 못하는 대로 나에게는 언제나 눈에 밟히는 고슴도치다. 늦잠과 느림이 상존하는 애 엄마이긴 하지만 지아비에겐 꼬박 점심 도시락을 싸 주는 한결같은 사람, 아빠와 오빠를 무섭게 다그치는 사람, 나름대로 원칙을 지켜 나가는 강직한 사람, 요리 솜씨도 괜찮은 사람, 누구와도 함께 잘 지낼 수 있는 사람. 그런 네가 내 딸이라니 나에게는 더할 나위 없는 기쁨이란다. 그런데 너와 나 사이에 한 약속 '내가 죽기 전 5년은……' 그 약속은 꼭 지켜야 한다.

　　산이 아빠 희준이도 시도 때도 없이 내 눈에 밟히는 존재가 되었단다. 서울대 지리학과에 입학해서 사제지간으로 만난 지가 엊그제 같은데, 지금은 3년차가 된 어엿한 대학교수라니 세월도 빠르고 대견스럽기만 하다. 희준이는 우리 졸업생들이 박사 과정에 있거나 잡(job)을 구하는 중에 있거나 아니면 어느 대학에 적을 두고 있거나 간에 그들 모두에게 선망의 대상이 아닐 수 없다. 출발이 좋았고 잘 나가는 사람일수록 어깨가 무거운 법이다. 이 점 명심하여 정진 또 정진해서 수월성은 물론 지리학계에서 우뚝 선 학자·교수로서 귀감이 되는 지리인(地理人)이 되어야 한다. 학과장과의 점심 식사도 좋았고 학과에서 다른 두 교수와의 만남도 좋았다. 그네들을 통해서 산이 아빠의 학과 내 위상과 그들이 거는 기대

사위와 손자 산이

감 같은 것도 느낄 수가 있었다. 2006년 테뉴어(tenure, 종신 재직권)를 무난히 받을 수 있지 않을까 하는 생각이 든다. 그러나 방심은 금물이다. 희준이가 뜻하는 바가 계획대로 잘 풀려 나가기를 바랄 뿐이다. 꼭 그렇게 되리라고 믿는다.

이제 나와 희준이와의 관계에서 중요한 것은 과거의 사제지간 지금의 장인·사위지간을 잘 어울러서 부모와 자식 사이의 한 식구로서의 관계를 승화시켜 나가는 일이다. 그래서 부모·자식이란 점에 아주 익숙해져야 한다. 부모는 자식에게 항상 욕심이 앞서는 법. 그래서 남의 자식보다 더 엄격히 다루고, 먼저 준엄한 채찍질을 가한 다음에 후한 사랑으로 감싸는 법이란다. 이제 내 사위 산이 아빠에게 물어보자. 첫째, 현관에 신발은 제대로 벗어 놓느냐? 둘째, 그릴은 쓰고 난 다음 즉시 닦느냐? 셋째, 휴지통에 쓰레기는? 넷째, 물건 낚아채듯 받는 버릇은?

우리가 다시 너희들 집에 가 보면 모든 것이 제자리에 정리 정돈되어 있어야 한다. 도산(島山) 안창호 선생께서는 샌프란시스코의 이민 1,2세대 교민에게 독립 운동 이전에 청소와 정돈과 질서를 우선으로 가르치셨다고 한다. 그 어른의 뜻이 무엇인지를 알면 우리 인생에 길이 보인다. 나는 '격(格)'에 대해서도 언급했고 또 강조를 했지. 인격(人格), 품격(品格), 자격(自格), 합격(合格), 실격(失格) 등의 어휘에서 인수분해되는 글자가 곧 격인데, 격인즉슨 함량의 정도·기준·수준 등을 함의한다. 이것을 사람에 대입하면 사람의 됨됨이가 격으로 판별된다. 우리 모두 격조(格調) 높은 사람이 되자!

잊기 전에! 국토연구원에서 매달 발행하는 『국토』를 구독하도록 해라. 인터넷을 통해 짬을 내서 국내 사정 돌아감을 접하도록 해라.

이제 희준, 명화 두 부부는 잘난 산이를 봐서라도, 너희들 자신들을 위해서도 끌어 주고 밀어 주며 이해와 넉넉함과 사랑을 꽃피우는 튼실한 가정을 가꾸어야 한다. 가화만사성(家和萬事成)은 만고의 진리임을 명심하거라. 살아가자면 경제력이 매우 중요한 법이다. 차근히 필요한 부(富)를 쌓도록 해라. 그러나 더 큰 위력을 가진 힘은 유한한 존재인 인간 위에 보이지 않는 힘이 있다는 것이다. 그것이 신앙이든 종교이든…….

뿌듯한 기쁨과 사랑을 맛보고 온 우리 부부에게는 너희들이 큰 보람이며 희망이다. 제자이던 희준이가 사위가 되어 대를 이어 지리학을 이어 주니 기쁘고 기대가 크다.

건강들 해라.

2004. 8. 8. 금
산이 할아버지 씀

p.s. 초콜릿 등 선물은 퀵서비스로 탁송했고 산이의 고추 달린 사진과 10
여 장의 다른 사진들도 함께 정릉 부모님께 보냈다. 명우가 그 이상
하게 생긴 샌들을 뺏어 갔어. 여름 상품이라니 미리 사 두었다가 산
이 돌 때 가지고 오도록.

지리학의 조화로운 발전을 위한 서울대 신문 지상 논쟁

교수 기고 : 지리학은 풍수와 동일시될 수 없다

－ 최창조 전 교수의 연재물 '집중 탐구 한국 풍수의 재발견'에 대한 반론(대학신문 제1341호, 1993년 3월 8일)

김인 사회대 교수

일간지 K신문에 최창조(崔昌祚) 전 교수의 연재물 '집중 탐구 한국 풍수의 재발견'이란 글이 연재 중이고, 풍수 사상에 기초하여 전국 방방곡곡의 명당(明堂)을 소개한다는 말은 듣고 있는 터여서, 나는 스물아홉 번째로 연재된 '남양주 월문리 말등배 마을'이란 제하의 글에 관심을 갖고 읽게 되었다. 그 글의 도입 부분에 다음과 같은 내용이 있다.

"오늘의 국토 공간이 처하고 있는 도시화, 공업화, 기능화를 생각해 보자. 길바닥에서 몇 시간을 교통 체증으로 머뭇거리는 모습을 보면서 어찌 비웃지 않을 수 있으랴. 아파트의 붕괴로 많은 사람들이 생명을 잃었다는 소식에 접하여 어찌 슬픔이 없을 수 있으랴. 풍수 사상가는 그와 같은 공간 현상을 비웃고 슬퍼하며 저주한다. 이해하기도 어렵다. 칸트가 분명히 했던 것처럼 과학적 논리는 일단 분석되고 나면 현상에 대한 지식만을 요구하게 되고, 더불어 윤리성, 도덕성 그리고 직관적 의미와 관련된 신성한 범주를 관심사 밖으로 밀어내 버린다. 한국 지리학계의 학문적 성향은 분명 그와 같은 서양 지리학의 전통을 받아들였음에 틀림없다. 필자는 그 점을 아쉬워하며, 정통의 풍수가들이 외치던 살아 있는 땅을 그리워하고 있는 것이다.”

최 선생은 위의 글에서 서양 지리학의 전통을 받아들인 한국 지리학계의 학문적 성향을 아쉬워한다고 적고 있다. 그리고 한국 지리학의 학문적 성향만을 들먹인 게 아니라 철학의 거봉인 칸트의 이름까지 거명하였다. 또 오늘날의 국토 공간에서 나타난 교통 체증, 아파트 붕괴 사건 등을 보면서 풍수 사상가는 도시화, 공업화, 기능화를 개탄하며, 비웃지 않을 수 없으며, 슬프고 이해하기도 어렵다고 이야기했다. 한마디로 말해서 그는 전통 풍수가들이 주장하는 ‘살아 있는 땅’을 강변하고 싶었던 나머지 지리학계와 국토 공간이 처한 오늘의 현장 모습을 싸잡아서 비난성 발언을 서슴지 않았다.

요사이는 어찌된 셈인지 심심치 않게 안면부지의 사람들로부터 전화가 걸려 온다. 내용인즉 선영의 묘가 어디에 있는데, 내가 땅을 어디에 가지고 있는데, 지금 가지고 있는 대지에 집을 지으려고 하는데, 그러한 땅이 명당(明堂)인지 풍수적으로는 좋은 곳인지 고견을 듣고 싶다는 것이다. 내가 지리학 교수인지 어떻게 알았는지는 모르지만, 지리학 교수라면 곧 풍수가라고 생각하고 지리학은 곧 풍수지리라고 인식하는 것 같아 유감스럽다. 요즈음 최 선생은 영월 어느 곳에서 은둔하며 땅에 대하여기(氣)를 느끼기 위한 도(道)를 닦고 있는 것으로 알고 있다. 그런데 방송 매체에 자주 등장한다든지, 어디 강연에 자주 출강을 한다든지, 풍수의 상업화를 개탄하던 최 선생이 기의 도를 닦으려던 기개는 뒷전으로 하고 너무 시속(時俗)을 타고 있는 것은 아닌지 염려스럽다.

지리학이란 학문의 성격에 대해서 나의 의견을 개진해 보겠다. 지리학은 지표의 자연현상과 인문현상이 결합하여 인간이 만들어 내는 땅을 연구하는 학문이다. 그래서 지리학을 한마디로 정의하자면 그런 땅의 성격을 이치적으로 밝히고 설명해서 인간에게 도움을 주고자 하는 학문이 된다. 여기서 땅의 유구한 역사와 더불어 지인화(地人化)된 땅, 나아가서는 지인화될 땅을 의미한다. 이러한 땅을 달리 표현해서 지역이라고 개념화할 수 있다. 지인화된 혹은 지인화될 땅은 매우 다양한 요소들로 구성되어서 그 모습과 성격이 드러나기 때문에 지극히 복잡한 구성체라고 할 수 있다. 따라서 복잡한 지역의 성격을 규명하고 탐구하기 위해서 지리학자들은 첫째, 기하학적 차원의 공간(위치, 거리, 형상, 분포 등), 둘째, 동식물·사람·자연이 유기적으로 존재하는 생태적 차원의 영역, 셋째, 인간의 생산과 소비가 영위되고 있는 경제적 차원의 인간 활동 공간, 넷째, 유구한 역사 발전 과정과 맥을 같이하는 인종·종교·정치·문화유산과 같은 문화적 차원의 땅이라는 4개 차원을 종합해서 접근하고 있다. 이들 4개차원은 지리학 내부에서도 각 연구 분야의 패러다임을 이루고 있으며, 궁극적으로는 지역을 종합적으로 분석 연구하는 틀이 된다. 따라서 지리학은 다층적 구성 요소로 이루어진 지역(땅)에 기초한 학문이고, 지역 현상에 대한 일반적 보편성을 설명하고 의미 있는 고유성을 해석하는 학문이다. 특히 지리학은 자연 과학적 분야이건 인문 사회 과학적 분야이건 간에 지표상에서 일어나는 각종 사건이나 현상들을 다루므로 그들의 특정한 장소(site), 상대적 위치(situation) 및 분포, 즉 입지(location)를 간과하고 설명할 경우 그러한 논리는 지리학이 될 수 없다.

지리학을 이해하기 위한 기초로 몇 가지 예를 들어 본다. 풍수에 입각해서 배산임수에 좌청룡, 우백호의 지세가 드리우고 그 가운데 음부와 같은 도툼한 땅이 남쪽으로 좌향해 있다면 그 장소는 확실히 묘터나 집터로 길지(吉地)요 명당이다. 집을 지었을 경우 남향해 있어서 따뜻하고, 도툼한 대지에 앉았으니 장마가 져도 배수가 잘 되고, 앞뒤로는 자연경관이 수려할 테니 말이다. 그러나 그 근처에 공장이 들어서서 매연을 뿜기 시작한다면 위치상 이미 주거지로서 길지는 아닌 것이다.

농사가 주 경제를 이루던 시대에는 돌산이나 악산은 농사짓기에는 불합격의 땅이었을 것이다. 그러나 노동 시간이 줄어들어 여가 생활과 국민 건강이 중요시되는 요즈음은 돌산이나 악산이 공공의 휴식 장소로 훌륭한 관광 자원이 되는 것이다. 설사 명당이나 길지는 아니더라도 수요가 증대하니 땅값도 오를 것이고 더구나 대도시를 끼고 있는 근교라면 누구나 소유하고 싶어 한 번쯤 군침을 흘릴 것이다. 이렇듯 시공의 차원에서 본 땅의 의미는 변화무쌍한 것이다.

요새는 우루과이 라운드 때문에 쌀시장 개방 압력이 시시각각으로 우리를 조이고 있다. 주지하다시피 우리나라는 아시아 몬순 기후 지대에 속하므로 수도작이 적지인 나라이다. 이를테면 장소적으로 그러하다는 얘기다. 논이 평야 지대에 속해 있으면 벼농사에는 더욱 안성맞춤이다. 그러나 미국의 쌀은 우리나라 산지 값의 1/4, 중국 쌀은 1/10이라서 우루과이 라운드가 터졌을 경우 미국 쌀보다도 중국 쌀이 홍수처럼 밀려들 것은 뻔한 이치다. 비록 우리나라는 벼농사의 적지이나 시대적 여건의 변화는 우리의 좋은 땅을 쌀 경작지로 내버려 두지만은 않을 것이다.

마지막으로 예를 하나 더 들어 본다. 최 선생은 남양주군의 월문리 마을은 전면에서 바라보면 명당 중의 명당자리라고 꼽았다. 그러나 마을의 주산인 묘적산을 홍릉과 유릉이 있는 미금시 금곡에서 바라보면 그저 밋밋한 산등성이에 지나지 않는다고 한다. 바라보는 방향에 따라서 월문리 마을 자리는 명당도 되고 별 볼일 없는 악당(惡堂)도 되는가 보다. 그는 월문리의 지세를 설명하면서 한북정맥이라는 풍수식의 지세도를 월문리의 사진(전경)과 곁들여 제시하고 있다. 요새 한창 공사가 진행 중인 서해안 고속도로 노선도와 한북정맥도를 비교해 보자. 고속도로란 원래 제 기능을 발휘하기 위해서는 가급적 직선화되어야 하는 것이다. 그래야만 많은 차량들이 일정 시간에 쾌속으로 달릴 수가 있기 때문이다. 만약 한북정맥이란 풍수도를 서해안 고속도로 건설의 1단계 구간인 인천–당진 간의 땅에 포개 놓고 생각해 보면 고속도로의 기능상 경사도 낮추고 굽이굽이 돌아야 하는 곡선도 줄이기 위해서, 즉 직선화하기 위해서 굴도 뚫고 명당 자락을 절개하거나 불도저로 밀어야 하는 경우도 생긴다(물론 유적지나 사적지 같은 문화재 지역은 피해야 한다).

서해안 고속도로 관련 내용을 담은 글을 인용해서 다시 써 보면 이러하다.

"분명 한반도의 서쪽에 민족의 산업 대동맥이 태동하고 있는 것이다. 한적했던 동네가 바삐 움직이고 발전하는 꿈을 키우고 있다. 바다 건너 밀려오는 중국의 도도한 도전을 물리칠 수 있는 방패막이가 될 것도 틀림없다. 때문에 호남과 충남 지역 주민들은 과거 산업화 과정에서 소외됐다는 기억을 떨치고 자신들이 미래의 주역으로 떠오를 기대에 차 있다."

국토의 균형 발전을 위해 서해안 고속도로 공사가 불철주야 진행 중이

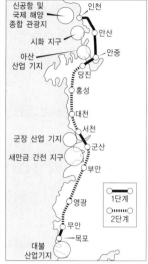

한북정맥 지세도 서해안 고속도로 노선도

고 인천–안산 구간은 왕복 6차선으로, 당진까지는 왕복 4차선으로 이어지는 1단계 구간은 1996년 완공 목표로 공사가 한창 진행 중이다. 최 선생이 한탄하였듯이, 몇 시간을 교통 체증으로 길바닥에 주저앉아야 하는 대표적인 곳이 소위 경수 산업 도로 구간이다. 여기에 6차선 고속도로가 인천에서 안산까지 뚫린다면 풍수적 가치가 다소 훼손된들 어떠할지 우리는 좀 다른 시각으로 생각해 볼 일이다. 강조하건대 풍수가 지리학의 전부인 것만은 아니다.

이제 글을 끝맺고자 한다. 최 선생의 땅에 대한 깊은 애정과 풍수 사상을 집중 탐구하고자 하는 자세와 노력을 높이 산다. 땅에 대한 깊은 애정으로 풍수 사상을 체계적으로 연구하겠다는 의지를 가상하게 생각한다. 풍수 사상은 우리 민족의 정서에 지울 수 없을 만큼 굳게 자리 잡고 있는 전통 사상임을 인정한다. 그러니 이제는 최 선생도 한국 지리학계에 대한 보다 큰 애정을 가지고 시각을 넓혀 한국의 전통 지리학은 물론 지리학 전반의 사상을 더욱 발전시켜 줄 밑거름이 되기를 바란다.

물론 서양 지리학은 풍수가 아니다

– 지난 호 김인 교수의 '지리학은 풍수와 동일시될 수 없다'를 읽고(대학신문 제1342호, 1993년 3월 15일)

최창조 전 서울대 교수

지난 호 3월 8일자 대학신문(大學新聞)에 실린 지리학과 김인 선생님의 글을 읽고 당사자로서의 생각을 말씀드리기로 한다. 내용의 핵심은 필자가 "전통 풍수가들이 주장하던 '살아 있는 땅'을 강변하고 싶었던 나머지 지리학계와 국토 공간이 처한 오늘의 현장 모습을 싸잡아서 비난성 발언을 서슴지 않았다"는 것이다. 여기에는 김 선생님의 오해가 있었던 듯하다. 필자가 공박한 것은 서양 지리학 분야와 주로 그 쪽만을 집중적으로 도입한 대학 지리학계를 지적한 것이지, 지리학계 전체의 국토 공간을 싸잡아서 비난한 것은 아니었다. 필자의 다른 글들을 같이 살펴보았다면 생기지 않았을 오해라 생각한다. 필자는 이미 대학을 떠난 몸이고 또한 지표 현상을 보는 시각에는 여러 가지가 있을 수 있다는 점을 잘 알고 있기 때문에 선생님의 의견에 대하여 조목조목 짚어 나갈 의향은 없다. 다만 명백한 오해가 있는 부분은 밝힘으로써 평소 선생님께서 가지고 계시던 필자와 필자의 전공 분야에 대한 애정을 지속시킬 수 있다고 판단되어 감히 몇 가지를 말씀드리기로 한다.

우리의 전통 지리 사상은 땅을 보는 안목을 상당히 종합적으로 가지고 있었다. 땅을 합리적이고 기능적인 측면에서 의식주라는 경제적 용도를 중시하며 생각한 것이 그 하나이고, 다른 하나는 땅의 본원적인 성격, 다시 말해서 생명의 원천으로서 우리의 삶을 있게 하였고 또 사후 우리의 영면의 집으로 생각하는, 어떻게 보자면 매우 정서적이고 그래서 일면 비합리적일 수밖에 없는 대상으로 보아온 것이 그것이다. 어떤 면에서는 이중적이라고 할 수도 있을 것인데, 필자는 조선조 실학자들의 지리관을 정리한 논문에서 이 문제를 다음과 같이 정리한 바 있다.

그것은, 우리나라의 전통적인 지리학은 명백히 '풍수지리' 라는 것이었으며, 그 풍수지리는 분명히 경제적이고 기능 위주인 '지리' 와 본원적이고 직관을 중시할 수밖에 없는 '풍수' 의 혼합체였다는 내용이다. 대체로 조선 초기 세종 때부터 '풍수지리' 는 본원적 '풍수' 와 기능적 '지리' 로 이원화되기 시작하며, 그 중 풍수는 상당한 정도 타락의 길을 걷는다. 그러나 조선 후기 실학자들에 있어서도 땅을 보는 안목은 '지리' 에만 국한되어 있었던 것은 아니었다.

실학자들은 그들이 살아갈 터전을 잡는 소위 택리(擇里) 문제에 있어서 이러한 그들의 혼합적인 지리관을 잘 드러내고 있다. 꼭 현실 참여적이고 유교의 대사회관에 따라 기능적인 '지리' 의 관점에서 살 만한 터를 논하면서도, 다른 한편으로는 당쟁으로부터 자유스럽고자 하는 현실 도피적 색채가 있는 '풍수' 를 결코 도외시하거나 소홀히 하지 않은 것에서 잘 나타난다.

지금 대학 지리학계는 철저히 땅의 기능적 측면을 강조하는 '지리' 에 일방적으로 빠져 있음을 부인할 수 없다. 그렇게 된 이유는 거의 전반적이다시피 서양의 실증주의 지리학이 한국 대학 지리학계를 석권했기 때문이라고 필자는 이해한다. 그 외에는 어떤 다른 서양 지리학계가 제시한 대안도 잘 용납하려 하지 않았던 것으로 필자는 기억하고 있다. 급진 지리학이란 공간 과학, 입지 분석, 실증주의의 이용에 대한 여러 가지 비판들을 서술하기 위하여 70대에 개발된 일반적 용어이다. 그들은 매우 강력한 마르크스주의적 기반을 가지며 경제, 사회, 정치의 전체론적 견해들을 강조했다고 한다. 또한 대학 지리학계는 우리의 전통 지리 사상에 대해서도 정서적으로는 공감하였는지 모르지만 학문적으로는 배타적인 태도를 감추지 않았다고 필자는 느껴 왔다. 상황이 이러할진대 열악하기 짝이 없는 처지에 있는 풍수 전공자가 감히 어떻게 막강한 대학 지리학계를 제치고 지리학의 대표자 역할을 할 수 있겠는가. 주지하다시피 풍수 사상은 지금 백척간두에 서 있으며 필자는 그에서 진일보하는 기분으로 대학을 떠났던 것이다. 필자는 발복이라는 잡술을 돈벌이 수단으로 삼아 풍수를 더럽히고 있는 지관 나부랭이들과의 싸움만으로도 힘에 부치는 형편이다. 하물며 기성 학계와의 정면 대결이란 어차피 그 결과가 뻔한 싸움에 지나지 않는다는 것을 너무나 잘 알고 있다.

김 선생님께서 구체적인 예로 지적하신 내용 중 배산임수와 좌청룡 우백호가 갖추어지고 남향을 하였으며 가운데가 음부와 같이 도톰한 땅이 명당이 아니겠느냐고 하신 대목은 반드시 그렇지는 않다는 점을 밝힌다. 그런 지세적 조건만 갖추면 길지가 되는 것은 결코 아니다. 이 점은 너무 전문적이기 때문에 이 자리에서 운위할 성질의 것은 아닌 듯하다. 다만 그런 땅에 공장이 들어서서 매연을 뿜으면 길지가 될 수 없다는 지적이신데, 풍수는 그런 땅을 명당이라고 강변하지 않는다. 소위 모양새만 갖추었다고 해서 땅의 품격을 인정하는 정도가 풍수가 아니라는 점만은 이해해 주시기 바란다.

이어서 농업과 우루과이 라운드에 관한 선생님의 의견이 개진되어 있다. 이 점에 관해서는 마침 필자가 근래 일간지에 '쌀시장 개방에 대한 풍수가의 입장' 이라는 글을 쓴 적이 있기 때문에 여기서 중언부언은 삼가겠다. 선생님은 우루과이 라운드 때문에 논의 토지 이용이 변질할 수밖에 없지 않느냐는 시각이신 모양이다. 필자는 인간의 논리가 바뀌어도 땅과 인간의 관계적 논리는 변할 수 없다는 풍수적 논리를 원용하여 오히려 풍수적 사고가 쌀시장 개방론자들에 대한 저항 논리를 제공해 줄 수 있다고 본 것이다. 즉 쌀은 경제 논리가 도저히 끼어들 수 없는 곡기(穀氣)와 원기(元氣)를 지니고 있는 민족 생명의 근원적인 것이기 때문에 우리에게 쌀시장을 개방하라는 것은 한민족이기를 포기하라는 소리와 마찬가지라는 것이 풍수가의 입장이다.

그리고 서해안 고속도로 개발에 관한 것인데, 이런 개발 문제에 대해서는 이미 여러 번 그것이 선택의 문제이며 필자는 그 중 풍수적 공동체를 선호한다는 것을 밝힌 바 있다. 개발이 가져올 자연 파괴는 필지의 현실이 될 것이며 그 중 어느 쪽을 택할 것이냐는 전적으로 인간에게 달려 있다는 입장일 뿐이다. 너무 단순화시키는 감이 없지 않으나 그런 문제에 있어서 필자는 문명 비평적인 기준을 줄기차게 사용하여 왔기 때문에 그야말로 시각의 차이라고밖에는 말할 수 없다고 여겨진다.

끝으로 개인적인 지적에 관한 얘기들인데, 이 점은 다시 거론하기도 사실 쑥스럽기 짝이 없다. 필자가 학교를 그만두고 도를 닦으러 기개 있게 영월로 가겠다고 하지는 않았다. 그저 당시 선생님들께서 앞으로 어떻게 살아갈 것이냐는 질문이 계시기에 그 자리를 무난히 모면해 보자고 영월에 가서 공부도 하고 운운했던 것인데, 그 얘기가 그런 오해를 낳았던 모양이다. 다시 한 번 강조하거니와 필자는 한 번도 도사가 되겠다고는 하지 않았다. 오히려 사이비 신비주의를 극도로 배척해 왔다고 자부하는데 어쩌다 이런 오해가 생겼는지 알 수가 없다. 그리고 언론의 떠오르는 별이 되었다는 말씀도 어림없는 지적이다. 별은커녕 필자를 쫓아다니는 언론 종사자들을 피하기에 여념이 없었고 결국 요즈음은 그들로부터 만나기 어려운 이상한 사람, 또는 건방진 사람이라는 얘기를 듣기에 이른 것이 실정이다. 상업성이라든가 시속을 탄다든가 하는 말씀은 섭섭하기 짝이 없는 얘기다. 외부 강연도 작년 경우 피치 못할 인간관계 때문에 단 세 번 했을 뿐이다. 학교를 떠나고 나니 사실 강단도 그리워지고 강의를 하고 싶기도 하다. 어떤 때는 강의하는 꿈을 꾸다가 놀라 깨기도 한다. 그러나 그렇다고 해서 강연에 자주 출강을 한 적은 없었다. 셀 수 없을 정도로 많은 강연 청탁을 받은 것은 사실이다. 얘기가 나온 김에 한 가지만 더 하자면, 사실 앞으로 필자의 경우 신문 원고료와 강연료 수입이 유일한 생계 수단이 될 수밖에 없다는 점은 양해하여 주시기 바란다. 그러므로 앞으로는 강연을 사양치 못할 형편에 처할 가능성이 농후함을 말씀드려 둔다.

김 선생님께서는 필자가 30여 회를 이어온 『경향신문』 연재들 중 단 하나의 글만을 가지고 지적을 해주셨다. 풍수 사상에 대한 이해의 폭을 넓혀 주신다면 고맙겠다는 말씀을 드리고 싶다. 필자는 풍수가 집터, 산소 자리 잘 잡아 잘 먹고 잘 사는 잡술 나부랭이가 아니라는 점을 수없이 강조하여 왔다. 그런데 짐작키에 많은 사람들이 풍수에 대한 왜곡된 시각을 교정함이 없이, 또는 필자의 주장하는 바를 성의 있게 읽지 않고 비판을 가한다는 느낌이 강하게 들었음을 부인할 수 없다.

필자는 91년 12월 서울대학교에 사직서를 제출하였고, 그것은 다음해 3월 9일 수리되었다. 그날 필자의 일기는 이렇게 끝맺고 있다.

"나는 어떤 글에서 동학(동학 삼걸로 알려진 전봉준, 손화중, 김개남은 모두 뛰어난 풍수 사상가들이었다. 그에 관한 증거들은 필자가 가지고 있다)이 외세의 개입과 함께 철저히 궤멸되어 버리고 나서 민족적 신흥종교라는 정신 세계로 잠적해 버린 이후 일반인들은 풍수를 미신 같은 잡술 정도로 치부하게 되었다고 지적하였다. 그것을 다시 살리고자 했던 나의 노력들은 일단 도로에 그치고 말았다. 오늘날에 우리의 것은 남의 것에 의하여 멸시당하고 침탈당한다. 나는 지난날 사면초가와 고립무원 속에서 고군분투하였다. 그러나 나에게는 병사가 없었다. 제자들은 아직은 병사가 아니라 걸리적거리는 식솔들에 지나지 않았다. 이제 외로운 성에 홀로 남겨진 남은 동학군은 다시 한 번 외군에 의하여 궤멸에 봉착하였다. 궤멸 직전에 무조건 항복의 길을 택함으로써 후일을 기하다."

그것은 부끄럽기 이를 데 없는 필자의 현재 입장이기도 하다.

기자가 본 '풍수론 불꽃 논쟁'

(조선일보, 1993년 3월 17일)

우병현 조선일보 기자

"풍수론은 지리학인가 아닌가". 서울대 지리학과의 전현직 교수가 이를 놓고 불꽃 튀는 논쟁을 벌이고 있다.

논쟁의 당사자는 작년 3월 '기(氣)가 쇠해 연구를 더 할 수 없다'며 사표를 던지고 지방으로 내려가 화제를 모았던 전직 최창조(崔昌祚) 교수와 현직의 김인(金仁) 교수. 포문은 서울대 지리학과 입학 10년 선배이기도 한 현직 김 교수가 먼저 열었다. 최 교수가 최근 한 일간지에 기고한 '남양주 월문리 말등배 마을론'에 대해, "땅의 가치가 주변 여건에 따라 변

"지리학인가 아닌가" 풍수론 불꽃 논쟁

할 수 있는 점을 고려하지 않고 무조건 명당만 따지는 풍수설은 근대 지리학과 동일시할 수가 없다"고 비판하는 글을 8일자 서울대 대학신문에 실은 것. 김 교수는 이 기고문에서 "기를 닦겠다는 처음의 기개는 뒷전으로 하고 방송 출연을 하는 등 너무 시속(時俗)을 타고 있는 최 교수가 염려스럽다"는 충고까지 덧붙였다.

그러자 최 교수는 곧바로 다음 호인 15일자에 "대학의 지리학이 너무 서구의 실증주의 지리학에 치우쳐 있다"면서 '풍수지리학이 조선 초 풍수와 지리로 분화되면서 묏자리 봐주는 일쯤으로 전락했지만 본래는 땅의 기능적 측면과 경제적 용도를 다 같이 중시하는 전통 지리학'이라고 반격했다.

최 교수는 자신에 대한 김 교수의 충고에 대해 "한 번도 도사(道士)가 되겠다고 하지 않았고 오히려 시골 지관들과 싸우며 사이비 신비주의를 극도로 배척해 왔다고 자부한다"며 '풍수론은 집터나 산소 자리 잘 잡아 잘 먹고 잘 살자는 잡술 나부랭이가 아닌 우리의 소중한 전통 사상'이라고 맞섰다.

학계에서는 이 논쟁이 하루 이틀에 좁혀질 수 없는 두 사람의 근본적인 세계관 차이에서 비롯됐다고 보고 있다. 미국 노스캐롤라이나 대학에서 박사 학위를 받아 서구의 근대 지리학에 밝은 김 교수와 69년 서울대에 입학 후 줄곧 국내에서만 학문을 한 순수 국내파 최 교수가 각각 서양과 동양의 세계관을 대변하고 있다는 것이다.

최 교수는 그동안 풍수지리학에 대한 '독특한' 이론 전개로 기성 학계에 충격을 주는가 하면, 한편으로는 '신비주의로 무장됐다'는 거센 비판을 받기도 했었다.

4부

지리학적 아이디어 산책

마곡 지구, 이렇게 개발하자

　오는 3월 29일 인천국제공항이 개항되면 오랜 기간 개발이 유보되어 왔던 서울 강서구 마곡 지구에 대한 개발 논의가 다시 제기될 전망이다. 마곡 지구가 서울의 도심과 인천국제공항을 연결하는 공항 전용 고속도로의 중간 지점에 해당하는 매우 중요한 회랑에 위치해 있기 때문이다.

　마곡 지구는 행정 구역상 서울 강서구 마곡동, 내발산동, 외발산동, 가양동 일대에 걸쳐 있는 121만 평 규모의 미개발 녹지 공간이다. 이 땅은 그동안 개발이 억제돼 민원의 소지가 되어 왔다. 인천국제공항의 개항에 즈음해 서울시는 그동안 유보해 왔던 마곡 지구의 개발 · 활용 계획을 내놓아야 할 시기에 직면해 있다.

　그러면 마곡 지구는 어떤 컨셉으로, 어떻게 개발해 나가야 할 것인가.

　마곡 지구는 입지적 특성을 고려할 때 ① 수도 서울의 국제 경쟁력을 강화하기 위한 장소, ② 인천국제공항의 허브 기능과 서울의 국제도시 기능을 연계하여 세계화와 관련된 시너지 효과를 창출하기 위한 장소,

③ 서울시 도시 공간 구조의 균형 발전을 유도하기 위한 장소, ④ 수도권 광역 도시 계획의 중심축을 구축하기 위한 장소로의 개발 철학이 필요하다.

마곡 지구는 개발의 여건상 3개 지구로 나뉜다. 서울의 마지막 노른자위로 불리는 121만 평의 미개발 녹지 공간, 공항동과 방화동 일대 150만 평 규모의 노후화된 기존 시가지 구역, 그리고 신공항 개항 후 남게 될 김포공항 내의 약 35만 평의 유휴 시설 공간 등이다. 이 3개 지역 약 300만 평 규모는 여의도의 3.5배에 해당한다. 마곡 지구의 미래 신시가지 도시 계획은 이 3개 지구를 한 단위의 개발 사업 지구로 지정하고, '특별 지구 단위 계획'과 같은 기법을 도입하여 추진하는 것이 바람직하다.

마곡 지구 개발 계획의 기본 구상과 전략의 핵심은 국제 기능을 갖춘 다목적이고 세계 지향적인 국제 업무 타운으로 건설하는 것이다. 서울은 국제도시 기능을 수행하는 세계도시로 발전하고 있으나, 아직 국제적 부문의 활동을 위한 집적지가 서울 어디에서도 뚜렷하게 도시의 한 섹터를 이루지 못하고 있다.

이 점을 감안, 내외국인의 주거와 국제 업무의 원활한 지원 및 서울의 국제도시로서의 기능과 신공항 허브 기능을 매개하는 세계 지향적 집적 공간을 마곡 지구에 전략적으로 개발할 필요가 있다. 121만 평의 미개발 녹지 공간은 국제 업무 기능을 수행하고 지원하기 위한 국제 비즈니스 거리, 스마트 빌딩, 내외국인 주택가, 학교, 병원, 문화 예술 공간, 위락 시설, 공공 시설, 컨벤션 센터, 전시장 등의 인프라를 구축하여 세계 지향적 신시가지를 특화 지구로 조성한다.

김포공항 입구의 공항동, 방화동 일대의 기존 시가지는 도시 환경 정비 및 재개발 관련법을 적용하여 기존 시가지 기능의 재활성화를 촉구한다. 그리고 김포공항 내의 유휴 공간과 시설물은 인천국제공항의 배후 지원 단지 기능을 겸한 공항 타운의 기능과 강남구 삼성동의 코엑스몰에 버금가는 쇼핑가를 조성한다. 이렇게 되면 서울의 국제화 추진 전략 지역 확보, 국제적 도시 기반 경제의 집적 효과와 지식 기반 산업의 신규 업종 및 고용 기회 확대, 인천국제공항의 허브 기능 강화 등을 통해 세계화의 시너지 효과를 창출하는 데 크게 기여할 수 있을 것이다.

마곡 지구 개발 사업은 어느 한 자치구나 지자체의 몫이 아니다. 국가 차원의 상위 기구에서 서울시, 인천시, 경기도가 협력하여 계획과 집행을 추진할 과제이다. 마곡 지구를 특별 지구 단위 계획 지구로 고시하여 국가의 제4차 국토 종합 계획(2000~2020년) 기간 안에 국책 사업으로 완료할 것을 제안한다.

(동아일보 논단, 2001년 3월 14일)

특별한 국제도시 만들기

 지구촌 곳곳에서 경제의 세계화, 금융의 세계화, 도시의 세계화가 다양하게 전개되며 그 속도 또한 가속화되고 있다. 세계화(globalization) 현상은 더 이상 모호한 화두의 개념이 아닌 우리 모두에게 실재하는 현실이다. 21세기의 세계 경제(global economy)는 자본, 상품, 원료, 기술, 노동, 정보, 경영 등의 모든 경제 요소가 국경을 넘어 전 지구를 무대로 전 방위적으로 작동한다. 그것을 견인하는 장소가 바로 일반 도시와 다른 세계도시인 것이다.

 학술적 견지에서 세계도시라 함은 세계 경제 질서를 통제하는 '다기능적 고정판'의 역할을 하는 국제화된 장소를 말한다. 즉, ① 국제 금융의 센터, ② 다국적 기업의 본사가 입지한 곳, ③ 주요 제조업의 중심지, ④ FIRE 산업의 급성장지, ⑤ 국제기구 활동의 거점, ⑥ 세계 교통망의 주요 결절지, ⑦ 거대 규모의 인구 집적지로서 일국적 차원을 넘어서는 세계 경제의 중추 기능을 수행하는 도시이다. 뉴욕, 런던, 동경은 이 7개 지표를 거의 만족하는 세계 최상급의 국제화된 장소인 것에 비해 우리의 수도 서울은 아직 2차적인 세계도시의 범주에 속한다.

'세계적 국제공항은 세계도시의 기능을 강화한다'는 가설이 있다. 이 가설에는 도시와 공항이 상호 배후지로서 공히 국제적 중심 기능을 수행하기 위해서는 공생을 하는 지리적 파트너십의 관계가 유지·발전되어야 한다는 함의가 내포돼 있다. 이 가설은 검증의 단계를 거쳐 이미 세계 여러 지역에서 현실로 입증된 바 있으며, 세계 유수의 대도시권 지역인 런던권, 뉴욕권, 동경권이 그 좋은 보기이다. 차하위 도시권 지역에서도 이 가설은 충분히 검증되고 있다.

주지하다시피 우리나라는 오천 년 역사 이래 최대의 국책 사업인 인천국제공항을 10여 년에 걸쳐 훌륭히 완공하였다. 이 공항의 목표는 이른바 hub and spoke 개념의 세계 항공망 가운데 동북아 지역의 거점 공항의 역할을 하는 것이다. 이 공항은 차세대 초음속/초대형 여객기의 이착륙이 가능하도록 설계된 거대한 공항이며, 또한 최첨단 시스템에 의해 24시간 항공 서비스가 운영되는 공항이다. 이 공항은 인구 1,000만의 메가시티 서울을 배후지로 안고 있다. 새로 개통된 공항 전용 고속도로로 서울과 공항 사이는 1시간 내 주파가 가능하다. '세계적 허브 공항/세계도시 연립 가설'이 시사하듯이 영종도 신공항 건설을 계기로 신공항과 서울은 더 이상 따로 떼어 생각할 수 없는 한 단위의 지리적 공간으로 인식되어야 한다. 이 한 단위 공간 개념의 틀 안에서 인천국제공항은 세계적 중심 공항으로서, 서울은 세계적 국제도시로서 기능하며 시너지 효과를 극대화하기 위한 비전과 국제화 전략이 필요하다.

'세계 속의 특별한 국제도시 만들기'를 위해서는 지난 30년간의 세계도시 형성 배경과 세계 경제 질서의 재편 과정에 대한 이해와 신공항-서울 간 회랑 지역의 세계 지향적 도시 개발 필연성에 대한 심도 있는 연구가 요구된다. 개발 컨셉의 대전제는 다음과 같다. 첫째, 영종도 국제공항을 기점으로 김포공항 경유 서울 도심을 잇는 축 상의 회랑 지역을 세계 지향형 국제도시 기능 강화를 위한 거점 공간으로 설정한다. 둘째, 회랑 지역 내 특정 지점의 입지 특성과 발전 여건을 감안, 국제적 도시 기능을 수행하기 위한 전략적 기지로서의 인프라를 집중적으로 구축한다. 셋째, 신공항 건설의 전·후방 파급 효과를 회랑 지역의 축 상에서 극대화한다. 넷째, 회랑 지역을 외국인에게 매력 있는 투자 지역으로 적극 개방한다.

다음은 서울이 세계도시 7대 기능의 지표에 접근하기 위한 개발 전략을 회랑 지역의 축 상에서 추진하는 구체적인 전략 방안이다.

① 다목적 국제타운 조성 : 서울은 국제도시 기능을 수행하는 세계도시로 발전하고 있으나, 아직 국제적 부문의 활동을 위한 집적지가 서울 어디에서도 뚜렷하게 도시의 한 섹터를 이루지 못하고 있다. 이 점을 감안하여 내외국인의 주거와 국제 업무의 원활한 지원 및 서울의 국제도시로서의 기능과 신공항 허브 기능을 매개하는 세계 지향적 집적 공간을 김포공항 입구 마곡 지구에 전략적으로 개발한다. 이것은 마곡 지구가 서울의 도심과 인천국제공항을 연결하는 공항 전용 고속도로의 중간 지점에 해당하는 매우 중요한 회랑에 위치해 있기 때문이다. 서울의 마지막 노른자위 땅으로 남은 마곡 지구 121만 평의 미개발 녹지 공간에 국제 업무 기능을 수행하고 지원하기 위한 국제 비즈니스 거리, 스마트 빌딩, 내외국인 주택가, 학교, 병원, 문화 예술 공간, 위락 시설, 공공 시설, 컨벤션 센터, 전시장 등의 인프라를 구축하여 국제 기능을 보강하기 위

한 특화 지구로 조성한다. 이렇게 되면 서울의 국제화 추진 전략 지역 확보, 국제적 도시 기반 경제가 집적, 지식 기반 산업의 신규 업종 및 고용 기회 확대, 인천국제공항의 허브 기능 강화가 가능해지고 세계 속의 국제화 시너지 효과를 창출하는 데 크게 기여할 수 있을 것이다. 특히, 외국인을 자주 대하게 되는 마곡 지구의 거리는 국제화된 장소로서 서울의 한 명소로 발전하게 될 것이다.

② 신산업 지구 조성 : 신공항–김포공항 구간의 공항 전용 고속도로 인접 구역은 앞으로 건설될 공항 전용 철도와 경인운하가 거의 평행하게 이어지는 문자 그대로의 회랑 공간이다. 이 지역은 행정 구역상 인천광역시와 일부 서울과 경기도에 속하는 개발 밀도가 상대적으로 낮은 저평한 평야와 개활지가 많아 토지의 신규 개발이 용이한 지역이다. 특히 신국제공항과 김포공항과는 시간상 분 단위 거리의 접속이 가능한 입지적 여건 때문에 항공 화물 운송이 유리한 경박 단소형 제품을 생산하는 기업의 입지가 유리한 곳이다. 가용 토지 면적, 공항과의 위치적 관계, 쾌적한 그린 공간 등을 감안하여 향후 첨단 지식 산업의 기반 조성을 위한 수도권의 신산업 지대로 개발한다. 여기에 외국인의 투자 촉진과 해외 기업의 입주를 적극 유치하기 위한 자유 무역 지대를 설치한다. 그리고 IT, BT 등의 미래 산업을 육성하기 위한 미래형 산업의 특화 단지를 조성한다. 궁극적으로 이 지역 전체를 하나의 회랑형 신산업 지대로 개발함으로써 수도권 공업 기반의 구조 재편과 경제의 세계화 추세에 맞추어 산업의 재산업화를 촉진한다.

이상, 회랑 지역에서의 국제화 추진 전략 사업은 어느 한 자치구나 지자체의 몫이 아니다. 국가 차원의 상위 기구에서 서울시, 인천시, 경기도와 협력하여 계획과 집행을 추진해야 할 과제이다. 인천국제공항–김포공항-서울 도심의 회랑 축을 한 단위 공간 개념의 틀 안에서 국제화 특별 계획 구역을 설정하여 국가의 제4차 국토 종합 계획 기간(2000-2020년) 안에 국책 사업으로 추진할 것을 제안한다.

(지방의 국제화 포럼, 2001년)

골프장 자투리땅에 전원주택을

　최근 개별 또는 소규모 단지형 전원주택이 대도시 주변에서 많이 건축되고 있다. 한 연구에 따르면 연령층에 상관없이 미래에 살고자 하는 집으로 전원주택을 선호하는 것으로 나타났고, 특히 50대 이후의 장·노년층이 전원주택 실수요의 주력 세대인 것으로 분석됐다.

　전원주택이 본격적으로 상품화되기 시작한 것을 보면 산수가 수려한 목 좋은 곳을 좇아서 공급 물량이 계속 증가할 전망이다. 주 5일제 근무가 정착될 경우 전원주택에 대한 수요층은 한층 두터워질 것이다. 내년부터 관련법 개정으로 준농림 지역에 아파트를 건설하려면 현행 10만m²보다 3배가 넓은 30만m²의 토지를 확보해야 한다. 이렇게 되면 대형 아파트 건설 시장의 경쟁에서 밀려난 주택업자들이 소규모 전원주택 건설 시장으로 몰려들지도 모른다. 더구나 허술한 규제와 소홀한 감독을 틈타 자연을 훼손하는 마구잡이식 건축 행위가 자행됨으로써 '전원을 망가뜨리는 전원주택' 이 양산될 것도 우려된다.

이런 관점에서 전원주택 용지 확보 방법으로 골프장의 자투리땅 활용을 제안한다. 수도권 일원에는 자연경관이 수려한 70여 개의 골프장이 있다. 18홀 기준의 30만~50만 평 규모의 골프장 안에는 골프와 직접 관계가 없는 많은 자투리땅의 유휴 공간이 있다. 이러한 자투리땅은 10~20호 정도의 전원주택 단지나 개별 전원주택을 개발하는 데 적지라고 할 수 있다.

그러나 우리나라는 현행법상 골프장이 체육·휴양 시설로 분류되어 있어 일반 주택의 건축은 불법이며 주거용이 아닌 콘도의 형태로만 건축이 허용된다. 요즘 일부 골프장에서 전원주택이란 이름으로 주택 분양 광고를 내고 있으나 아직 주거용 전원주택을 골프장 내에 지을 수 없다. 이 때문에 골프장과 시공사들은 콘도로 건축 허가를 받은 뒤 지분 등기 형식으로 분양하는 방법을 동원한다. 당연히 개인 소유권 이전 등기와 재산권 행사에 어려움이 따른다.

국토 공간의 이용 차원에서 이러한 자투리땅을 내버려 둔다는 것은 토지 자원의 낭비가 아닐 수 없다. 더구나 골프장 내 넓은 공간이 제한된 일부 사람에 한해 사용권이 허용되는 것 자체가 비효율적이며 사회적 형평성에도 맞지 않다. 그 대안의 하나가 골프장 내 유휴 공간으로 놀리고 있는 자투리땅을 적극 개발해 수요가 점증하는 전원주택을 짓는 일이다.

수도권 지역 골프장을 상대로 한 설문 조사에 따르면 ① 골프장 내 자투리땅에 전원주택 건설을 추진할 의향이 있다, ② 골프장에 여유 공간이 충분히 있다, ③ 주택 유형은 단독과 빌라형 전원주택 건축을 선호한다, ④ 사업성은 있으나 법적 제한 때문에 전원주택 개발이 불가능하다, ⑤ 클럽 하우스를 커뮤니티센터로 개방할 용의가 있다는 질문에 긍정적인 답변이 주류를 이루었다.

수도권 70여 개 골프장 안에 분할해 각각 200가구분의 전원주택 단지를 개발할 경우, 모두 1만 4000가구의 전원주택 공급이 가능하다. 이렇게 되면 파급 효과는 대단하다. 골프장의 여유 토지 전용으로 전원주택이 확보되고, 농촌의 경지와 임야 훼손을 절감하며, 전원주택의 난개발과 주민과의 마찰을 피할 수 있다. 서울로의 출퇴근이 자유로운 가구가 수도권으로 옮김으로써 만성적 교통난 해소에도 기여할 수 있다. 골프장의 유휴 공간에 전원주택을 짓기 위한 정책적 방안과 공론화가 사회적으로 검토돼야 할 때이다.

(조선일보 기고, 2002년 5월 24일)

균형 발전은 5대 광역시를 중심으로

참여 정부가 출범과 함께 제시한 국가 비전은 '국토의 어디서나 골고루 잘 살 수 있는 나라, 세계 속에서 국가 경쟁력이 강한 나라'를 만드는 일이다. 이를 위해 국가 균형 발전, 지방 분권, 행정수도 건설의 특별법이 제정됐으며, 이 3개 법의 공통점은 바로 국가의 균형 발전을 대전제로 한다는 데에 있다. 3개 법안 패키지 안에서 신행정수도 건설은 국가 균형 발전을 위한 하위 개념으로 이해된다.

그러나 참여 정부가 국가 균형 발전에 대해 결연한 자세를 보여 줌에도 불구하고 국가 경영의 전략 측면에서 공간 계획과 관련해 전문성이 결여된 점은 유감이다. 국가 균형 발전의 이론적 골자는 지역 혁신 체계를 구축해 자립형 지방화를 촉진하고 이를 통해 통합적인 국가 균형 발전을 모색한다는 것이다. 그러나 지역 혁신 체계 구축은 개념적으로만 존재할 뿐 국토의 지리공간상에 어디를, 왜, 어떻게 공략할 것인지에 관한 논리와 실천적 방법 제시가 불충분하다.

도시학자들은 인구 100만 명 이상의 대도시와 인접 영향권을 함께 구축하는 대도시 권역을 지역 혁신 체계를 구축하는 데 가장 이상적인 거점으로 꼽는다. 대도시 권역은 인구가 조밀하고, 각종 산업이 발달해 있고, 고등 교육 기관과 고급 인력이 많아 상대적으로 빠른 쇄신과 혁신의 파급 효과를 가져올 수 있기 때문이다. 또한 대도시 권역은 세계 경제의 주요 생산 복합지로 성장할 뿐만 아니라 국경 없는 세계화가 진전되면서 국가를 대신해 국제 업무의 새로운 지정학적 장소로 그 역할이 중요해지고 있다. 그 때문에 대도시권을 세계화 시대 글로벌 경제에 통합시켜 국가 경제의 경쟁력 강화를 위한 포석의 대상으로 육성해야 할 필요가 있다.

우리나라는 서울을 중심으로 한 수도권과 부산권·대구권·대전권·광주권의 5대 광역 도시 권역이 발달해 있다. 5대 광역 도시 권역의 면적은 전국 대비 27%, 인구는 72%를 점유한다. 따라서 이들 5대 권역을 중심으로 국가의 균형 발전을 포석해야 한다.

이 핵심 공간이 '국토 지리' 관점에서 시사하는 것은 다음과 같다.

첫째, 5대 광역 도시권의 중심 도시와 그 배후지 개발 사업에 역점을 두어 전국 어디에 거주하든 주택·교육·취업·의료·문화 등의 기회 균등이 충족되는 것에 목표를 두어야 한다.

둘째, 5대 광역 도시권은 지구 차원의 글로벌 경제와 경쟁하기에 가장 적합한 장소. 즉 국가 경쟁력을 강화하기 위한 수단으로 5대 광역 도시권은 전략 산업 육성의 산실이 되어야 한다.

셋째, 5대 광역 도시권은 수도권 1극 체제로 이뤄진 불균형 성장을 견제할 수 있는 장소다. 이를 위해서는 광역 대도시권의 권역 설정 및 계획지구 조기 지정을 통해서 광역 도시 계획법에 근거한 5대 광역 도시권의 도시 기본 계획 수립이 선행돼야 한다.

　이들 5대 광역 도시권이 국제도시가 되기 위해서는 세계와 직통하는 항공 교통과 통신 네트워크가 연결돼야 하며, 글로벌 스탠더드에 맞는 도시 인프라 구축 및 도시 기능 정비가 필수적이다. 5대 광역 도시권을 통해 국제적 지역 혁신 역량이 강화될 때 우리는 동북아, 나아가서는 세계의 허브 국가가 될 수 있다.

　한편 신행정수도 건설은 국가 균형 발전의 하위 개념으로 이해해야 한다. 연기·장기 지구의 계획 인구 50만 명, 도시 면적 2,400만 평은 정부 종합청사가 있는 과천시의 인구 10만 명, 면적 1,000만 평에 비해 너무 크다. 일국의 수도는 입법·사법·행정 3부와 외국 공관이 함께 입지해야 한다. 따라서 신행정수도는 대전 광역권에 인접시켜 분당 규모로 축소된 에지형 신도시, 유비쿼터스형 신도시, 첨단형의 신도시로 건설함이 바람직하다. 또 신행정수도는 어디까지나 통일 이전까지 한시적인 것으로 가정해야 할 것이다. 통일된 한반도의 수도는 서울이어야 하기 때문이다.

　　　　　　　　　　　　　　　　　（중앙일보 시론, 2004년 9월 14일）

'굴절 버스' 오해와 유감

　최근 김포 지역 신문에 굴절 버스 도입과 관련한 논란의 기사가 자주
뜨고 있다. 원래 굴절 버스는 BRT(Bus Rapid Transit, 빠른 버스로서 교
통 체계) 운영 체계의 한 요체일 뿐이다.

　BRT는 다른 차량의 진입을 원천 봉쇄한 채 도로 중앙 차선에 버스 전
용 차로를 설치 운영하는 것이다. 승강장도 도로 한가운데 섬처럼 설치
돼 횡단보도를 건너 버스를 타야 한다. 신호 처리도 버스 전용 차선 우선
체계로 운영하며 수송력을 높이기 위해 대형 버스, 굴절 버스 등을 사용
하는 노선 교통 시스템을 말한다. BRT는 빠른 속도, 정시성, 쾌적성을
확보해 기존의 버스 교통과는 달리 출퇴근 시간대의 교통난 해소, 교통
서비스의 개선 등 그 효과가 큰 새로운 대중교통수단이다. 이런 효과 때
문에 BRT는 땅 위의 '지상 지하철'이라 부른다. 특히 BRT는 절대 교통
수요가 많지 않아 지하철이나 경전철의 건설이 적합지 않은 도시에서 적
극 도입을 추진한다.

김포시는 대중교통수단의 획기적인 개선 없이는 관내 지역 발전이 어려울 수밖에 없는 상황이다. 전국 국도 중 교통 체증 1위를 기록하고 있는 48번 국도의 교통 흐름을 원활히 하기 위해서는 BRT를 48번 국도에 설치하는 것이 바람직한 대안이다. 마침 김포시 관내 김포-김포 IC 구간의 48번 국도가 확포장되어 금년 말이면 8차선의 대로가 확 뚫린다. 이 구간에 BRT 개념을 도입하여 버스 전용 중앙 차로제, 우선 신호 체계 부여, 환승 정류장, 쾌적하고 안전한 대형 버스를 투입하는 버스 교통 대책을 수립한다면 48번 국도의 교통 체증은 한결 나아질 것이다. 건교부는 48번 국도를 포함한 수도권의 만성적인 교통난 해소를 위해 간선 급행 버스 체계 도입을 추진하고 있다. 서울시도 내년 버스 중앙 차로제 6곳을 확대 실시하고, 2005년 이후 공항로와 김포 시계를 연결하는 노선을 포함해서 2단계로 7개 노선을 확대 설치할 계획이다. 아울러 현재 시범 운영하고 있는 굴절 버스를 2006년까지 200대를 도입하여 주요 간선 도로에 투입할 예정이다. 이 모두가 BRT 개념을 원용하여 버스 교통의 획기적 개선과 선진화를 추구하기 위한 주요 시책 사업인 것이다.

그런데 시 당국(교통과)은 48번 국도 양쪽 길가에 기존의 버스 전용 차로제 실시와 함께 굴절 버스 도입안을 발표했다. 이것은 BRT의 중앙 차로제 개념과는 전혀 맞지 않는 발상이다. 또한 한 대에 5억 원씩하는 비싼 굴절 버스를 도입할 필요가 없다. 우리나라에서 자체 제작할 수 있는 대형 버스를 활용해도 BRT 기능의 효과를 볼 수 있다. 물론 시 재정이 허락하여 굴절 버스가 48번 국도를 달린다면 금상첨화이긴 하지만, 시의회도 굴절 버스 도입과 관련한 시민 의견 수렴 부재, 사전 준비 부족, 예산 낭비 등의 이유로 질타만 할 것이 아니다. 굴절 버스에 대한 오해를 풀고 전향적으로 BRT 시스템 구축을 위한 예산 지원을 해 주었으면 한다. 지역 언론과 지역 신문에 글을 올리신 분들 역시 BRT에 대한 이해와 더불어 굴절 버스에 대한 오해와 유감을 푸시기 바란다.

끝으로, 48번 국도의 확포장 이후 BRT 시스템의 성공적 운영을 위해서 시 당국이 해결해야 할 시급한 과제가 있다. 김포 IC에서 시계까지의 전호리 6차선 구간의 8차선 확포장 사업을 조기에 성사시키는 일이다. 또 하나는 시계에서 김포공항 지하철역까지 BRT 시스템을 연계하는 방안을 서울시와 빨리 협의하는 일이다. 이렇게 하여 김포시 당국과 주민이 뜻을 모아 BRT 시스템을 구축하면 출근 시간대에 김포시청에서 김포공항역까지 15분 내의 버스 주행과 정시 운행이 가능해진다. 이러한 기능뿐 아니라 김포가 최초로 명물·명소로 브랜드화된다면 도시의 열악한 교통 환경 이미지를 불식하고 나아가서는 김포시의 도시 마케팅 차원에서도 홍보 효과가 크다.

(김포뉴스 시민발언대, 2003년 12월 18일)

만성 체증 48번 국도 'BRT 시스템'으로 뚫자

BRT(Bus Rapid Transit) 시스템. 일명 '빨간 버스'로 교통난을 해결하자는 안이 제시됐다.

지난 24일 김포시민사회연구소 회의실에서 열린 김포시민포럼(준) 7월 정례 토론회에서 발제자 김인 서울대 교수(지리학 · 김포시 도시계획위원 · 김포시미래발전위원회 교통분과위원 · 장기동 청송마을 거주)는 대중교통수단의 획기적인 개선 없이는 김포의 발전이 어려울 수밖에 없는 현 상황을 타개하기 위한 대책으로 일명 '지상 지하철'이라 불리는 BRT를 도입, 전국 국도 중 교통 체증 1위를 기록하고 있는 48번 국도의 교통 흐름을 원활하게 하자는 방안을 내놓았다.

BRT는 버스 운행 속도, 정시성, 수송 능력을 저렴한 비용으로 운영하는 새로운 대중교통수단으로 대중교통 분담률 하락과 질 낮은 대중교통 서비스, 교통 체증의 지속, 도로 · 교통 투자비 절감 및 건설 공기를 단축하기 위한 대안으로 등장했으며 BRT 운영을 위해선 버스 전용 차로 등

우선 통행권(right of way) 부여, 안전하고 편리한 환승 시설, 쾌적하고 안전한 차량이 마련되어야 한다.

이날 김 교수는 "BRT 도입 시 출근 시간대에 김포시청에서 김포공항 역까지 20분대의 버스 주행 및 정시 운행이 가능하다"며 "이러한 기능뿐 아니라 김포의 명물·명소로 브랜드화한다면 열악한 교통 환경의 이미지를 불식하고 도시 마케팅 차원에서 홍보 효과도 충분히 거둘 수 있을 것으로 기대된다"고 밝혔다.

이어 벌어진 토론에서는 "신도시 발표가 나면서 2010년 지하철 도입으로 시민들의 기대치가 높은데 과연 시민들이 지하철 대신 BRT를 원하겠는가"하는 회의적인 시각과 "2010년까지 7년간 이대로 있을 순 없다. 유일한 해결책은 지금 바로 도입해도 무방한 BRT를 운행하는 것뿐", "지하철과 BRT는 별개의 문제다. 함께 운행하면 더 좋지 않겠는가. BRT가 도입되면 관내 5개 운수 회사들의 체질 개선에도 큰 도움이 될 것" 등 다양한 의견들이 개진됐다.

한편 건교부는 지난 25일 수도권 북부 지역이 택지 개발 등 각종 개발 사업으로 인한 인구 및 교통량이 급격히 증가할 것으로 예상하고 수도권 남부 지역과 같은 난개발을 사전에 방지할 목적으로 '선계획·후개발' 차원의 수도권 북부 지역 광역 교통 개선 대책을 수립, 확정 발표했다.

(김포신문, 2003년 7월 28일)

김포에 와서 살아 보니

　서울 화곡동에서만 29년을 살다가 2001년 4월에 김포로 이사를 했다. 화곡동은 딸, 아들 두 자식이 어릴 적부터 자라며 어른으로 성장을 했고, 31세의 아들은 여기서 태어났다. 두 부모님도 함께 사시다 세상을 뜨신 곳이다.

　우리 내외에게는 1973년부터 먼 길 직장을 아침저녁 나고 들던 우리 인생에서 어느 곳보다도 애환이 점철되었고 그만큼 정이 들었던 곳이다. 그러나 29년이라는 세월과 함께 우리 가족사에도 변화가 있었고 생활 여건이 변함으로써 환갑을 막 지나서 두 부부만의 새 둥지를 틀고 3년째 살고 있는 이곳이 '살기 좋은 축복의 땅'이라는, 화곡동에 가까이 이웃한 작은 도시 김포시이다.

　김포에 와서 살아 보니 김포시가 더 축복을 받은 땅도 더 살기 좋은 도시도 아니지만, 그렇다고 매력이 없는 곳도 아니다. 김포 하면 반도, 넓은 평야, 쌀을 떠올린다. 지리를 조금 알면 서울과 강화도 사이의 중간쯤에 있는 옛 모습의 읍을 생각할 것이다. 역사를 좀 알면 강화 도령 철종이 강화도로 귀양 아닌 귀양을 갔다가 다시 왕 같지도 않은 왕으로 즉위하기 위해 궁궐로 되돌아오던 길목에 자리한 고장을 떠올릴 것이다. 현대사 속에서는 5·16 혁명의 선봉에서 해병 여단 예하 부대의 탱크와 트럭이 한강 인도교를 향해 지축을 흔들며 여명의 새벽잠을 깨워 역사의 새 장을 열게 한 김포 가도가 생각나는 곳이기도 하다.

지금의 김포시는 너른 벌판에 한 시가지가 묻혀 있는 형국의 농촌 속 인구 20만의 작은 도시이다. 그러나 서울에 붙어서 도시화가 급속하게 진행되고 있는 과도기적 성장형 도시에 속하는 '농촌 속의 도시, 도시 속의 농촌'이 병존하는 그런 도시로 발전하고 있다. 급속한 인구 성장과 이질적 주민 계층의 혼재로 인해 많은 도시 문제가 야기되고 있다. 특히 삶의 질 차원에서 도시 교통, 학교, 주거 등의 문제가 수도권 여느 도시 못지않게 심각하다. 김포의 동맥 48번 국도는 전국에서 일일 자동차 통행량이 제일 많고 교통 체증이 심각해 도시 고속화 도로의 구실을 못한다. 대학에 보낼 자녀가 있는 가정은 인문계 고등학교의 시설과 수준 차로 서울로 다시 회귀하거나 머물러 살지를 망설이면서 엉거주춤 사는 경우가 많다.

김포의 풍무동이라는 곳은 대단위 아파트 단지가 난개발에 의해 만들어진 인구 3만이 넘는 전형적인 미니 신도시다. 우체국, 동사무소, 파출소, 은행, 시장 등 편의 시설이 부족해서 불편하다가 금년에 김포 3동에서 분동되어 주거와 도시 행정 기능을 갖추기 시작했다. 또한 김포에는 3,000여 개의 영세한 공장과 그에 맞먹는 숫자의 무등록 공장과 제조장이 곳곳에 박혀 있어서 환경오염원의 주범이 되고 있다. 시 당국에게는 정비하자면 막대한 예산과 사회 비용이 드는 골치 아픈 존재이다.

이 모두가 선계획·후개발을 무시한 채 무분별하게 양산한 민관 합동의 부산물인 것이다. 김포시는 전체 면적의 80%가 군사 작전과 관련돼 있다. 이것이 도시의 개발 행위를 제한하고 계획적 도시 발전을 저해하는 큰 요인이 되고 있다. 일산 신도시보다 크고 분당 신도시와 맞먹는 500만 평 규모의 김포 신도시 건설이 1년 전에 공식 발표되었다가 금년에 무산된 것도 부처 간의 협의 과정에서 국방부가 군사 작전상의 이유로 거부했기 때문이다. 김포를 거듭나게 할 천우신조의 좋은 기회였는데 매우 아쉽게 되었다. '아니면 말고' 식의 무책임한 국가 행정이 야속하다 못해 분노까지 치밀게 한다.

이러한 김포를 향해서 이사를 온 것은 나의 무지나 경솔함 때문만은 아니다. 알고서 이사를 왔든 모르고서 이사를 왔든 이사 온 후 3년을 틈나는 대로 시간을 내서 김포 전역을 구석구석 다니며 '김포 들여다보기'를 게을리 하지 않았다. 이렇게 해서 김포의 도시와 지역 현안 문제를 파악했고, 나의 전문 지식을 살려 구호로만 그칠 것이 아닌 '축복의 땅 살기 좋은 김포'를 만들기 위한 준비와 실천 강령을 나름대로 세우고 있다.

김포에 와서 제일 먼저 착수한 연구가 강화도로 가는 48번 국도의 만성적 도시 교통 체증 문제를 해결하는 일이었다. 나는 브라질의 쿠리티바 시에서 타 보았던 안전하고 쾌속한 버스에 착안하여 시 당국에 벤치마킹을 해 볼 것과 48번 국도의 1차선인 중앙 차선에 굴절 버스를 투입하여 정시성에 쾌속 안전 운행이 가능한 버스 전용 중앙 차로제를 건의했다. 김포시가 이 건의를 받아들이면 최초로 소위 '지상 지하철'이라는 BRT(Bus Rapid Transit)라는 새로운 개념의 노선 버스 체계를 운영하는 지자체가 된다. 반대하는 여론도 있으나 BRT 시스템이 도입될 경우 김포에서 서울 도심까지 지하철을 운행하는 효과를 보게 된다. 2006년 2월에 정년 퇴직을 하면 '김포 도시·지역 연구소'를 개설해 김포시와 관련한 문제를 하나씩 풀어 볼 생각이다.

이제 김포라는 도시의 매력을 이야기해 보자.

우리 동창 중에는 많은 친구들이 서울 남쪽의 분당과 수도권 지역에 산다고 한다. 누구 하나 김포에 산다는 말은 들어 보지 못했고 내가 이사 와서도 누구 하나 이사 들어온 동창도 없다. 단지 명환이가 2001년에 나와 거의 동시에 장기동 청송마을 현대 아파트 단지에 입주했다가, 개인 사정으로 집을 전세 준 채 서울로 다시 이사를 나갔다. 광용이가 현재 회장으로 있는 분수회는 회원 수가 60명이 더 되며 매달 수요일의 점심 회동 때면 소동창회라도 하듯이 남녀 동창들이 나와 성시를 이룬다고 한다. 이들 대부분은 서울 강남 지역에서 살다가 분당, 수지, 죽전, 구성 등 서울의 동남축 방향으로 '엑소더스' 한 친구들이다.

도시지리학에 이런 이론이 있다. 살던 집에서 도심(시청 중심)의 반대 방향으로 전출하는 경우가 극히 드물다. 이것이 주거지 이동각(移動角) 이론의 요체인데, 도심을 중심으로 이사하기 전의 집과 이사 후 집의 각도를 재 보면 예각이지 둔각이 아니라는 지론이다. 분수회의 수혜, 준경, 문진이가 주거지 이동각 이론을 검증해 주는 경우다. 도봉산 자락 방학동에 살던 세윤이의 이동각은 둔각이니까 예외다. 나의 경우 화곡동에서 김포로 나갔으니 주거지 이동각이 첨예한 예각을 이룬다.

이 이론에 대한 설명은 생략하면서 김포에는 여의도나 목동에서 이사 온 가구가 강남에서 온 가구보다 훨씬 많음을 첨언해 둔다. 여기서 농을 던지자면 서울에서 살다가 남쪽 방향으로 나간 친구들은 서쪽의 김포를 볼 수 없는, 아예 김포라면 보지도 않으려는 백안(白眼)을 가졌나 보다. 김포의 매력은 뭐니 뭐니 해도 아파트 가격이 상대적으로 싸다는 점이다. 내가 사는 청송마을 현대 아파트 단지가 김포에서는 제일 살기가 좋고 비싼 곳이라고 한다. 전국적으로도 빠지지 않는 아파트 단지다.

7만여 평 3개 단지 안에 30여 개 동 2,400여 호에서 인구 1만여 주민이 사는 미니 신도시이다. 동 간의 거리가 충분히 확보되어(약 70m) 시야가 넓고 조경이 훌륭하고, 편리한 시설에 살기가 쾌적한 1급 주거지이다. 복덕방에 매물로 나온 시세를 보면 33평이 1억 9천만 원, 42/43평이 2억 6천만~8천만 원, 51평이 3억 1천만 원, 58평이 3억 4천만 원, 65평이 3억 7천만~9천만 원, 77평이 4억 5천만 원이다. 65평의 아파트 값이 서울 한강변의 40평형대 중형 아파트 시세만도 못하다. 여일이가 동부이촌동의 LG 자이 아파트를 팔면 65평형 세 채 하고도 반 채는 더 살 수 있을 게다.

동창 친구들이여! 우선 귀하의 집값과 이곳의 아파트 값을 비교해 보세요. 그리고 아래 사항들을 점검해 보세요.

① 정시 출근이 필요 없는 사람

② 대학 입시를 치러야 할 자녀가 없는 사람

③ 이사를 하되 지금 살고 있는 집의 평수를 줄여 이사하고 싶지 않은 사람

④ 자녀 결혼 등 적지 않은 목돈이 필요한 사람

⑤ 노후 대책을 위한 자금 마련이 필요한 사람

⑥ 2~3억 원의 운용 자금이 지금 당장이라도 필요한 사람

⑦ 신혼 자녀에게 집 한 채를 마련해 주고 싶은 사람

⑧ 단독 주택의 미련을 버리지 못하는 사람(아파트 1층은 마당으로 활용할 수 있는 공간이 넓음)

⑨ 푸른 수목 환경 속에서 살고 싶은 사람

①~⑨항까지를 점검한 결과 귀하가 만족할 수 있는 매력 포인트는 얼마나 됩니까? 현재의 집을 팔아도 집이 줄지 않고, 목돈을 챙길 수 있고, 여유 자금이 생기고, 자녀에게 큰 선심을 쓸 수도 있고, 단독 주택 같은 아파트에 살 수 있다면 그것이 '짱'이지요.

'짱'에 더해서 나와 오순도순 이웃해서 살 생각이 있으면 예각도 좋고 둔각도 좋으니 주저 말고 김포로 나오세요. 서울 밖 남촌에 분수회가 있으면 서울 밖 서촌에 '김포지회'를 만들어서 우리는 부부 동반으로 매달 한 번 수요일에 점심을 하자고요!

어찌어찌하여 이야기가 여기까지 흘러왔는고! 이제 여기서 나의 김포 이야기를 끝내렵니다. 김포를 정녕 축복의 땅 살기 좋은 도시로 만들어 보겠습니다.

(동문회지 기고 글)

신도시 개발 강서 지역이 먼저다

정부가 수요 억제와 공급 확대 등의 온갖 대책을 총망라한 부동산 대책을 내놓았다. 그러나 공급 확대를 위해 내놓은 신도시 입지를 보면 송파의 거여동과 같은 강남 인근 지역이 우선적으로 거론되고 있다.

서울 강남 지역의 집값 오름세는 이곳이 도시 매력이 상대적으로 넘쳐나는 곳이기 때문이다. 우선 길, 공원, 학교, 주택, 문화 공간이 좋고, 넓고 쾌적하다. 또 강남에 주소지를 둔 사람들의 면면에서 보면 고위 공직자, 사회 지도층 인사, CEO, 재력가 등등이 많다. 정부와 시 당국이 발주하는 대형 프로젝트 사업(올림픽 경기장, 아셈 회의장, 기타 국책 기관 등)이 강남을 중심으로 많이 건설됐다. 유명 학군, 학교, 사설 교육 기관이 강남에 포진해 있다.

이렇듯 부와 권력을 모두 거머쥔 '좋은 것'에 대한 과다 보유가 강남의 도시 매력을 돋보이게 한다. 그런데 또다시 강남에 연접한 송파 지역에 총력을 기울인 신도시를 개발한다면 이곳으로의 쏠림 현상은 더욱 심각해질 것이다.

오히려 도시 매력이 풍부한 제2의 강남을 서울 다른 축에 집중 개발해 강남으로의 쏠림 현상을 막고 도시의 부와 권력을 분산시키는 일이 시급하다. 강남에 대적할 이상적 지역은 서울의 강서 지역이다. 강남 축에 대칭해 개발을 기다리는 축이 서울의 도심에서부터 여의도~목동~마곡 지구~김포 IC~김포 신도시 예정 지구~제2김포대교를 건너 파주로 이어진다.

특히 강서구 마곡 지구에서부터 제2김포대교 구간은 개발 계획이 수립 중이거나 공사가 시작된 미개발 구간으로, 정확히 강남의 삼성동~판교 신도시~분당~용인으로 이어지는 구간과 흡사한 개발이 가능한 축이다. 정부의 주요 프로젝트의 하나로 건설된 2000년 아셈 회의장은 강남의 삼성동 일대를 일거에 업그레이드시켰다. 여기에 맞대응해 서울의 최대 노른자위 땅으로 남아 있는 강서 축 마곡의 121만 평을 삼성동에 버금가는 최적·최고(the best and the highest)의 신시가지로 만들어야 한다.

수도권 순환 고속 도로의 판교 IC와 접속되는 판교 신도시는 강남 배후권의 고급 신도시를 건설하는 정부의 대형 프로젝트다. 김포 IC는 판교 IC에 대응할 수 있는 서울 강서권 교통의 요충지다. 여기다 판교 신도시와 같은 강서 배후권의 고급 신도시를 건설할 수 있다. 1차 신도시로 건설된 분당에 대칭되는 2차 신도시로 김포 신도시를 개발해야 할 것이다. 2007년 제2김포대교가 완공되면 서부 축은 한강을 건너 경기 서북부로 연결된다.

서부 축은 아직 미개발 지역이 많아 계획된 신규 개발이 가능하다는 장점을 가지고 있다. 특히 김포공항 입구의 마곡 지구는 10년 이상 개발이 유보된 채 명쾌한 개발 청사진이 나오지 않고 있다. 서울시는 하루빨리 구체적인 개발안을 제시해야 한다.

서부 축 개발은 강남 집값 잡기뿐만 아니라 수도권의 균형 발전 차원에서도 매우 중요하다. 강남 축에 맞대응할 수 있는 서부축의 체계적 개발을 위한 중앙정부와 서울시, 경기도 등의 심도 있는 숙고가 요망된다.

(중앙일보 제언, 2005년 9월 2일)

국토 개발 정책의 단계적 발전 모형

 우리나라는 지난 1970년대에 제1차 국토종합개발계획 기간(1972-1981년)을 설정하고 국가 성장을 우선 목표로 하여 성장 정책을 폈다. 특히 대규모 산업 기지를 중심으로 한 거점 개발로서 집적의 이익을 추구하는 생산 환경의 확충에 주력하였으며, 결과적으로 국가 발전의 능률성을 제고시키는 방향으로 국가의 경제 성장이 유도되었던 것이다. 따라서 대도시의 성장을 촉진하는 결과와 국토 공간 발전의 분극 현상을 초래하였다. 그러나 제2차 국토종합개발계획 기간(1982-1991년)에는 기존의 집적 이익, 즉 대도시의 집적 이익을 주변 지역으로 확산시키면서 성장 중심 도시를 핵으로 한 생활환경과 생산환경을 정비하는 정책의 틀을 짜놓고 있다. 그리고 1990년대, 다시 말해 2000년대를 향하여 집적 이익의 공간적 균점, 즉 국토의 지역 간의 형평한 발전을 위한 개발의 청사진을 구상해 놓고 있는 것이다. 우리나라 국토 개발의 단계적 추진 목표를 요약한 제2차 국토종합개발계획의 전략 내용은 다음 그림과 같다.

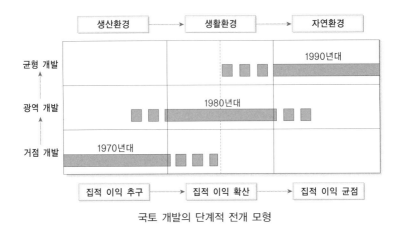

국토 개발의 단계적 전개 모형

이러한 국토 개발의 단계적 개발 전략은 우리나라의 발전 단계에 비추어 볼 때 매우 시의 적절한 개발의 방향을 제시했다는 점에서 높이 평가된다. 여기에 부응한 앞으로의 도시 정책은 어떠하여야겠는가?

우리나라의 발전 단계에 비추어 볼 때, 그리고 세계 선진 대열에 합류하는 시간을 단축시키기 위해서도 우리나라는 국가적 경제 성장을 견지해야 하는 정책을 계속 펴야 되겠고 이에서 파생되는 지역 격차를 최대한 견제하기 위한 지역 균형 발전 정책을 동시에 강구해야 하는 시점에 와 있다고 본다.

오른쪽 그림에 제시된 모형은 국가 성장 · 지역 발전 · 도시 체계 삼자 관계의 발전 단계를 도해식으로 나타낸 것이다. 이 모델은 필자가 두 힘의 합력의 역학적 운동 방향에 비견하여 우리나라의 개발 정책의 단계적 개발방향을 모색해 보고자 만든 것이다. 이 모델의 기본 구도를 설명하면 다음과 같다.

① 모형에서 X축과 Y축의 길이는 각각 국가가 수립한 정책 목표, 즉 국가 경제 성장(능률성)과 지역 간 균형 발전(형평성)을 추구하려는 국가

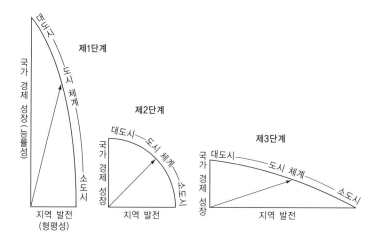

국가 개발 정책의 단계적 전개 모형

정책 의지의 정도를 가리킨다.

②X·Y축을 연결하는 호는 소·중·대도시로 이어지는 국가 도시 체계상의 도시 규모 분포를 나타낸 것이다.

③X·Y축의 대각선은 국가가 지향하는 국가 경제 성장과 지역 균형 발전의 두 힘(정책)에 견주어 본 두 정책 목표의 합력에 비유되며 동시에 호상에 도시 체계의 특정 도시 규모를 가리키는 지침선이 된다.

④합력, 즉 대각선의 지침이 시계 방향으로 움직일수록 그 국가의 도시 체계의 발달 상태가 종주 도시 체계에서 대수 정규 도시 규모 분포 체계의 성격을 나타내는 것이다.

단계별 발전 전략 : 한국의 경우

모형의 제1단계는 국가 도시 체계와 국가적 차원의 경제 성장 관계를 시사한 것이다. 이 모형에 비추어 볼 때 우리나라의 1960년대와 1970년대는 국가 경제 성장에 주력한 제1단계 모형에 비유될 수 있겠다. 따라서 두 힘의 합력은 국가 경제 성장 쪽으로 보다 더 그 힘이 배분·작용함으로써 대도시의 상대적 발전과 대도시를 중심으로 한 국가의 고도성장이 이룩되었고, 그 결과 지역 간의 발전 격차가 심화되었다. 그리고 중소 지방 도시의 발전이 열세한 가운데 우리나라 도시 체계는 종주 도시 체계의 형태로 발전하였다.

모형의 제2단계는 국가 도시 체계와 국가 경제 성장의 능률성과 형평성의 관계를 시사한 것이다. 1980년대는 국가 성장의 계속적인 지속과 지역 간 격차 해소를 동시에 모색해야 하는 국가적 당면 과제 때문에 제2단계의 모형에 입각한 도시 정책 방향의 설정이 합당할 것이다. 제2단계 모형에서 두 힘의 합력의 대각선은 어느 방향으로도 치우침이 없이 중간 도시 규모선 상을 가리키고 있다. 만일 합력의 지침선이 호상에서 상향 조정되면 국가 정책은 국가 경제 성장 목표에 보다 더 국력을 향배하는 조치가 될 것이다. 그런데 제2차 국토 종합 개발의 전략을 보면 1980년대 후반기는 집적 이익의 공간적 확산과 생산환경의 확충을 위한 광역적 도시 개발 촉진을 모색하고 있는바, 중간 규모 이상의 성장 잠재력이 큰 도시들을 선별해서 지속적 성장을 유도해 감이 도시 정책의 차원에서도 합리적이고 현실적이란 생각이 든다. 즉, 합력의 대각선을 상향으로 조정하는 것이다. 왜냐면 국가 정책은 제2차 국토 종합 개발 기간 동안에 국가 경제 성장(능률성)에 더 큰 비중을 두고 있기 때문이다.

따라서 이 기간 동안에 대구·대전·광주·인천 등의 4대 도시에 대한 성숙 도시화를 꾀함으로써 이들 도시를 거점으로 집적 이익의 공간 확산과 광역적 도시 개발을 유도함이 차하위 규모의 성장 도시에 개발

역점을 두는 것보다 더 경제적일 수가 있다. 그리고 서울과 부산 양대 도시의 과도 성장에서 오는 국토의 분극적 공간 이용의 비효율성을 견제하고, 국토 공간의 다핵화를 구축하여 균형 발전의 포석을 다변화하는 효과를 거둘 수가 있다. 또한 이들 도시들을 모도시로 하여 광역 도시 지역의 자연스러운 전개를 유도함으로써 생활환경의 광역적 도시 개발을 모색하는 데 유리하다.

그리고 성장 도시 가운데서도 도시 규모가 상대적으로 크고 지방 중심 도시에 해당하는 전주·청주·천안·춘천·원주·안동·진주·순천 등의 도시 기반을 확충하여 성장 거점 도시로 육성할 때 보다 소기의 목적을 달성할 수가 있을 것이다. 특히 이들 성장 거점 도시들의 중점 육성을 통해서 우리나라 생산환경의 기반이 확대 유도되고, 도시화 과정에서 도시 인구로 전향될 다수의 인구를 점유하고, 국토상의 인구 배분 면에서 대도시로의 인구 집중 현상을 막고, 이동 인구를 흡입할 수 있는 역할이 크게 기대되기 때문이다. 아울러 국가 경제 성장을 지속시키는 지렛대의 역할을 분담하는 기능을 보강하기 위해서도 이들 도시에 대한 지속적 성장을 유도하는 것이 필요하다. 1980년대 후반에는 합력의 지침선을 제2 단계의 모형에서와 같이 중앙 대각선에 근접시켜 상대적으로 발전 잠재력이 열세한 지방 도시의 육성에 역점을 두는 것이 바람직스럽다. 그리고 이들 도시의 입지점을 통해서 지역 간 격차의 폭을 줄이는 동시에 국가 발전의 공간적 확산 경로를 위한 도시 계층을 구축하는 도시 정책이 바람직스러울 것으로 본다.

모형의 제3단계는 국가 도시 체계와 국가 성장의 과실이 국토상에 균점되는 관계를 시사한 것이다. 이 단계는 한 국가의 개발을 지역 간 균형 발전에 역점을 두고 국민의 기본 급양 및 후생 복지가 전 국토에 고루 파급되는 이상적 발전 과정이라 하겠다.

우리나라는 2000년을 향한 1990년대에 이르러 비로소 생산환경, 생활환경 및 자연환경이 균형 있게 조화되어 개발의 이익이 전 국민에게 균점되도록 발전을 기대하고 있다. 이렇게 되기 위해서는 현존 도시 체계의 소도읍을 구성하고 있는 성장 정체 도시 내지는 성장 감퇴 도시에 대한 특별한 활성화 방안이 강구되어야 할 것이다. 그러나 현재 인구 규모가 작은 시급 도시와 소도읍 중에서, 특히 인구 2만 이하의 읍급 도시의 대다수는 실제 인구가 감소하고 있다는 점에서 도읍의 기능이 위축되어 있고 또한 농촌 지역과 다름없는 촌락이라고 할 수 있다. 농촌 지역의 건전한 정주 체계를 확립하기 위해서도 농촌 중심 도시의 도시 기능이 농촌 지역의 성장 여건과 아울러 보강되고 정주 체계상의 거점 역할을 할 수 있도록 중심지 기능의 부추김이 필요하다.

(『현대인문지리학』, 1986, 법문사)

5부

세계지리학연합 도시 분과

IGU 도시 분과 연차 국제학술회의

IGU는 International Geographical Union의 약자다. 세계지리학연합은 오대양 육대주의 전 세계 지리학자들이 모여 4년마다 지리학 대회를 여는 국제 학술 기구다. 이 기구 안에는 30개가 넘는 지리학 분과가 있으며 '도시 분과(Urban Commission)'는 그중의 하나이다. IGU 산하 도시 분과는 도시지리학자를 중심으로 매년 연차 학술회의를 개최한다. 도시 분과에는 4년 임기의 회장과 10여 명의 운영 위원으로 구성된 집행 기구가 있고, 개최 장소를 정하고 나라별로 돌아가며 매년 연차 학술회의를 개최한다. 평균 30개 국가에서 70~100명의 도시지리학자들이 모여 학술 논문과 포스터를 발표한다. 소규모의 몇몇 나라가 참여하는 국제 학술 대회라기보다는 30개국이 넘는 지구촌 곳곳의 많은 나라에서 대표들이 참석하므로 도시 분과 또한 '세계 학술 대회'라고 하는 편이 옳다.

학계가 세계화되면서 국내 지리학계의 연구 동향도 무대를 세계로 넓히는 가운데 한국의 지리학자들이 국제 무대로 연구 활동의 지평을 넓혀

가고 있다. 최근에는 지리학의 올림픽이라고 하며 4년마다 개최되는 세계지리학연합대회에 많이 참석하는 편이다. 실로 자랑스러운 일은 국내 지리학자들이 합심하여 세계지리학대회를 서울로 유치하여 대한지리학회의 주관하에 '서울 2000년 세계지리학대회'를 성공적으로 개최한 것이다.

IGU 산하 도시 분과는 1976년 구소련 상트페테르부르크에서의 개최를 효시로 2005년까지 30회의 역사를 가진다. 내가 정년 퇴임하고 난 2006년 8월에는 포르투갈에서 열린다. IGU 도시 분과가 개최된 연도와 나라별 장소는 옆의 표에서 보는 바와 같다. 지난 30년 동안의 개최 장소 빈도를 보면 유럽 18개국, 아시아 5개국, 북중미 4개국, 아프리카 2개국, 대양주 1개국에서 개최되었듯이 가히 세계적이다.

내가 처음으로 도시 분과 국제학술회의에 참석한 것이 1980년 일본의 삿포로였다. 그 후 매년 참석하지는 못했으나 내가 참석한 것은 통산 13번으로 이탈리아의 피사, 호주의 멜버른, 중국의 베이징, 미국의 디트로이트, 독일의 베를린, 네덜란드의 암스테르담, 중국의 난징, 한국의 서울, 캐나다의 캘거리, 남아프리카 공화국의 프리토리아, 슬로베니아의 류블랴나, 일본의 도쿄 등이다. 매년 학술회의에 참석하여 논문을 발표하지 못한 것을 유감으로 생각한다. 그렇게 된 것은 나의 아이디어와 준비 부족이었다는 점을 솔직히 시인하지 않을 수 없다. 또 다른 이유는 학술 대회에 참석할 출장 경비를 매년 조달하기가 어려웠던 애로점 때문이었다. 1990년대부터 서울대학교에서는 국제학술회의 참가비로 항공료와 체재비 중 하나가 지원되었기 때문에 그나마 국제 학술 활동을 위한 여건이 나아졌다. 그러나 중국의 난징 대회 이후부터는 도시 분과 위원회의 운영 위원으로 피선되어 매년 도시 분과 국제학술회의에 연속해서

IGU와 IGU 도시 분과의 개최 도시

개최 연도	IGU 개최 도시	IGU 도시 분과 연차 개최 도시
1976	Moscow	St. Petersburg
1977		Bochum
1978		Paris
1979		Warszawa/Zymbarak
1980	Tokyo	Sapporo
1981		Lund
1982		Toronto
1983		Leipzig
1984	Paris	Pisa
1985		Utrecht
1986		Pamplona
1987		Dublin
1988	Sydney	Melbourne
1989		Paris
1990		Beijing
1991		Budapest
1992	Washington	Detroit
1993		Vassa
1994		Berlin
1995		Cape Town
1996	Hague	Amsterdam
1997		Mexico City
1998		Bukarest/Synaia
1999		Nanjing
2000	Seoul	Seoul
2001		Calgary
2002		Pretoria
2003		Ljuljana
2004	Glasgow	Glasgow
2005		Tokyo

참석을 해 왔다.

IGU 도시 분과는 도시지리학계의 세계적 연구 동향을 파악하고 나의 학문 연구를 위한 견문을 넓히는 데 큰 도움이 되었다. 또한 세계 각지를 돌며 개최국에서 주관하는 학술 지역 답사(scientific excursion)를 통해서 세계 여러 나라 지역의 문물과 역사를 익히고 상대방 나라를 우리나라와의 관계 차원에서 보아야 하는 소위 해외 지역 연구 차원에서도 큰 도움이 되었다.

2000년에는 남의 나라에서만 하던, 그리고 단순히 대표로서 학술회의에 참석만 하던 수동적 입장에서 능동적으로 도시 분과 학술 대회를 유치하고 개최 준비를 위한 local organizer로서의 임무를 직접 맡아서 주관함으로써 학문의 국제화에 구체적으로 다가설 수 있었다.

그러나 무엇보다도 귀중하게 생각하는 것은 세계적 석학들과 만나서 학문적 교분을 쌓았고, 동서양의 지리학이 주기적으로 만날 수 있었던 점이다. 나의 지리 인생에서 IGU 도시 분과는 지리학의 세계화를 체화시키는 훌륭한 학문적 길라잡이가 되어 주었다.

서울 2000년 IGU 도시 분과 학술 대회

IGU 도시 분과 연차 학술회의가 2000년 서울에서 개최되었다. 한국은 이 대회를 주최한 25번째 국가로 기록되었다. 1999년 난징 대회에서 내가 도시 분과의 운영 위원으로 피선되었고, 또한 4년마다 개최되는 세계지리학대회가 2000년 서울에서 열리게 되자, 난징 대회에 참석했던 많은 나라의 대표들이 IGU 산하 도시 분과 학술회의도 서울에서 개최해 줄 것을 적극 희망했다. 도시 분과 연차 학술회의의 차기년도 장소와 일자는 운영위에서 결정하는데, 같은 대륙의 인접 국가에서 연속하여 개최되는 것은 통례상 매우 드문 일이다.

나도 언젠가는 IGU 도시 분과 학술회의를 유치할 생각을 가지고 있었다. 그러나 2000년 서울 유치는 어쨌거나 자의반 타의반으로 유치한 셈이 되었다. 결과적으로 나는 서울 2000년 도시 분과 국제회의를 위해서 행사를 주관하는 local organizer로서 소임을 다해야 했다. 그러나 IGU 도시 분과 학술 대회의 행사 규모와 성격이 '세계적'이라는 점에서 몇몇

나라가 참여하는 여느 국제학술회의 와는 달리 시종일관 신경을 쓰며 준비해야 할 일들이 만만치가 않았다. 물론 나 혼자서 행사를 치르는 것은 아니었지만, 행사의 기획을 총괄하고 진두지휘해야 할 입장에 있었기 때문에 시작부터 끝마무리까지 행사 준비 전반에 대한 종합력과 행사 진행의 순발력이 필요했다.

나는 몇 가지 점에 유의하면서 서울 2000년 IGU 도시 분과의 학술 행사를 구상하며 준비했다. 첫째, 서울 2000년의 세계지리학대회가 4년마다 개최되는 올림픽 대회에 비견되는 큰 행사이지만 IGU 산하 각 학술 분과 행사도 잘 치름으로써 한국 지리학계의 역량을 세계에 알리고 위상을 높이는 데 일조를 해야겠다는 생각, 둘째, 도시 분과 자체의 알찬 학술 행사 기획을 통해서 IGU main congress와의 차별화 전략, 셋째, 지리학의 차세대 주자인 대학원생들을 행사에 도우미로 참여시켜 국제학술회의를 위한 준비와 진행 과정을 몸소 경험하도록 하는 절호의 기회로 활용하자는 생각을 가졌다.

그러나 이벤트성 행사를 치르는 데 예상은 했던 일이지만, 우선 봉착하는 문제가 비용 조달을 어떻게 할 것인가였다. 대회 비용은 상당 부분 등록비로 충당을 하지만, 행사에 필요한 부대 비용이 만만치 않기 때문이었다. 세계지리학대회 한국 집행부에서 20여 개의 학술 분과에 대회비 명목으로 20만 원을 지원해 주었다. 이것이 공식적으로 지원받은 전부였다. 결국 IGU 산하 각 학술 분과 위원회의 local organizer들은 학술 대회를 치르기 위한 재원 마련을 위해서 각개 약진을 해야 했을 것이다. 나역시 경비 조달을 위해서 개인적으로 모금한 결과, 서울대학교의 국제학술회의 개최 지원비 500만 원과 고인이 된 임길진 원장(KDI 국제정책대학원)에게서 300만 원, 고등학교 동창 김성중 사장 300만 원, 안태영 사장

100만 원, 동호인 청구회 모임의 이익효 사장에게서 200만 원을 각출 받아서 행사를 치르는 데 매우 요긴하게 쓸 수가 있었다. 이 자리를 빌어서 기관과 개인적으로 성원해 준 친구들에게 다시 한 번 감사의 뜻을 전한다. (참고로 회의 등록비 : 참가자 400달러, 학생 200달러, 동반자 100달러)

두 번째는 역시 국제학술회의의 꽃이라고 할 수 있는 행사 기간 동안의 일정과 관련된 학술 대회 프로그램을 짜는 일이었다. IGU 도시 분과

서울 2000년 IGU 도시 분과 학술 대회 일정표

Date \ Time	8/9 (Wed)	8/10 (Thu)	8/11 (Fri)	8/12 (Sat)	8/13 (Sun)
9:00	REGISTRATION	Session III	REGISTRATION / Session V	EXCURSION	Session VIII
10:20 / 10:30		C.B.	C.B.		C.B.
10:40	Opening Ceremony	Session IV	Session V		Business Meeting, etc.
12:00 / 13:00	Lunch	Lunch	Lunch		
13:00	Session I	EXCURSION	Session VI		GOOD BYE
15:00 / 15:20	C.B.		C.B.		
15:20	Session II		Session VII		
17:00 / 17:20			C.B.		
17:20 / 17:40	C.B.				
17:40 / 18:00 / 18:30	Paper Presentation (Optional)		Paper Presentation (Optional)		
19:00	Welcome Reception			Farewell Party	

C.B.：Coffee Break

IGU 도시 분과 서울 국제학술회의

연차 학술 대회는 세계적인 국제 행사인 만큼 그에 걸맞게 그리고 도시 분과의 연차 학술 대회의 관행에 걸맞게 프로그램을 준비하는 것이어야 했다. 서울 2000년 IGU 도시 분과 국제학술회의는 프레지던트 호텔에서 2000년 8월 9일에서 13일까지 5일간의 일정으로 진행되었다. 참가국 17 개국, 학술 대회 정식 등록자 57명(외국인 33명, 내국인 24명), 발표 논문 40편이 당시 집계된 학술 대회의 성격을 직간접적으로 시사해 주는 통계 자료들이다. 나라별로 세계를 돌며 매년 개최되는 IGU 도시 분과 학술 대회는 대회 구성이 3, 4일간의 논문 발표 세션과 주최 측에서 기획한 학술 지역 답사(scientific excursion)의 두 행사로 나누어 실시된다. 2000년 서울 대회에서는 4일간의 마라톤을 방불케 하는 논문 발표가 있었으며 반나절(half-day) 학술 답사와 전일(full-day) 학술 답사를 수행한 바 있다. 반나절 학술 답사 코스는 '시청 → 청와대 → 북악산의 팔각정 → 가회동 전통 가옥 보존 지구 → 동대문 시장'의 순서였다. 한편 전일 학술 답사는 '오전 : 경인 고속도로 → 인천국제공항 → 영종 대교 → 신

서울 2000년 IGU 도시 분과 학술 대회 참가자 명단

No.	Name	Country	Paper title	Session
1	Abe	Japan	Recent studies of urban geography in Japan-the collaboration between urban geography and urban planning with GIS	Ⅷ
2	Basten	Germany	Segregation of guest workers "in the Ruhr in the late 20th century"	Ⅵ
3	Basten & Lotscher	Germany	Early segregation in Ruhr	Ⅵ
4	Bourne	Canada	The Changing dimensions of inequality and social polarization in Canadian cities	Ⅵ
5	Braun	Germany	Scenarios on future urban development in Europe	Ⅰ
6	Choi, Je-Heon Kim, Inn	Korea	The prospect and development of Korea urban system	Ⅴ
7	Delgado	Mexico	Rubanization in the regional belt of Mexico City	Ⅲ
8	Gu Chaolin	China	Globalization and extended metropolitan regions in China' s east costal region	Ⅳ
9	Guoquing Du	Japan	The development of urban systems and its primary factors in China	Ⅳ
10	Ha, Seong-Kyu	Korea	The changing housing norms and mass housing experience in the Seoul metropolitan region	Ⅴ
11	Han, Ju-Seong	Korea	Spatio-temporal characteristics and hinterland of air freight transportation at Sachon airport, Korea	Poster
12	Hong, In-Ok	Korea	The analysis of conflict structure in street-vending	Poster
13	Horn	South Africa	Update on residential segregation and desegregation in Pretoria, South Africa	Ⅵ
14	Hwang, Hee-Hun	Korea	Land use control strategies surrounding urban growth boundaries in Korea	Ⅴ
15	Ianos	Romania	Romanian towns-from extensive industrialization to ruralization!	Ⅲ
16	Ip Oi-Ching	China	Integration of satellite image and census data for environmental quality assessment in Hong Kong	Ⅷ
17	Izhak	Israel	Social areas in globalized urban spaces	Ⅱ
18	Joo, Kyung-Sik	Korea		
19	Jeong, Eun-Jin	Korea		
20	Jeong, Yun-Joo	Korea		

No.	Name	Country	Paper title	Session
21	Kang, Hong-bin	Korea	Special Speech at Closing Ceremony	Poster
22	Kim, Dae-Young	Korea	The agglomerations formation process of advanced producer services in Seoul: advertising-related industry	Poster
23	Ko, Jun-Ho	Korea		
24	Krakover	Israel	Does school quality matter in residential relocation?	II
25	Kwon, Won-Yong	Korea		
26	Kwon, Yong-Woo	Korea	The delineation of the metropolitan region in Korea	Poster
27	Lee, Jae-Ha	Korea		
28	Lee, Jeong-Sik	Korea		
29	Lee, Jong-Tae	Korea	Greenbelt of metropolis of Seoul and Paris: its impact in the urban history and townscape	V
30	Lee, Ki-Suk	Korea	Overview of the Korean urbanization in the 1990s	V
31	Lim, Gil-Jin	Korea	Keynote Speech	
32	Liu	U.S.A	Spatial structure of China's urban system	IV
33	Loboda	Poland	Strategy of city development: a case study of Wroclaw, Poland	VII
34	Lotscher	Germany	Participation in public transit planning: The case of Bochum	VIII
35	Matthiessen	Denmark	Research centers of the world: Strength, networks and nodality. An analysis based on bibliometric indicators.	I
36	Mookherjee	U.S.A	Globalization and mega-cities: Pattern of social polarization in Delhi	VI
37	Murayama	Japan	The decline of the central commercial district and future prospects in small cities in Japan	VII
38	Nam, Young-Woo	Korea	Internal structure of the Korea metropolis	V
39	No, Si-Hak	Korea		
40	Ostendorf	The Netherlands	Poverty in three dimensions the social ecology of poverty in Amsterdam	II
41	Paek, In-Ki	Korea	New nomads in the city: A preliminary study for the spatial class	Poster
42	Park, Si-Young	U.S.A	The Korean residential neighborhoods and business establishments in Chicago	VIII
43	Park, Tae-Hwa	Korea		
44	Parnreirer	Austria	Globalization, transformation and the evolution of cities: Lessons from Latin America	I

No.	Name	Country	Paper title	Session
45	Pumain	France		
46	Shen, Daoqi	China	Diversity of urban Life-The diversity of old people's life in Chinese cities	II
47	Shen, Jianfa	China	Hong Kong and mainland China Connection: 1997 and beyond	IV
48	Sinclair	U.S.A		
49	Sung, Jun-Yong	Korea		
50	Taubmann	Hong Kong	Urban restructuring and controlled urban process	VII
51	Tsutsumi	Japan	Land-use decisions and following land conversion process in a medium-sized city in Japan	VII
52	Valenzuela	Spain	Urban social problems and new information and communication technologies(NICT): The Spanish approach	III
53	Yamashita	Japan	Extensive land use dynamic in Tokyo	VII
54	Yan Xiaopei	China	Chinese metropolitan development in transition	I
55	Ye, Shunzan	China	A study on the regional economic integration and the developmental cooperation among Hong Kong, Macao and Guangdong province under the model of "one country, two system" in China	III
56	Yoon, Hyun-Shin	Korea		
57	Yu, Hwan-Zong	Korea	The industrialization and land use shapes in Seoul metropolitan area	Poster

공항 고속도로, 오후 : 일산 신도시 → 정발산 공원 → LG 빌리지 모델 하우스 → 일산의 구도심 → 주거 지역 개발과 고층 아파트 건설 지역 → 임진각 → 통일 전망대 → 자유로 → 저녁 만찬'의 순서로 짜여졌다.

세 번째는 해외 국제 학술 행사에 참여하거나 경험이 거의 부족한 대다수의 대학원 학생들을 훈련시켜 가며 본 행사를 시종일관 준비하는 게 큰일이었다. 무에서 유를 창조하는 기분으로 상당한 시행착오도 겪으며 그러나 무리 없이 행사를 준비하며 치를 수 있었던 것 또한 이들 때문에 가능했다. 이들에게 이 자리를 빌려 다시 심심한 사의를 표한다.

서울 2000년 IGU 도시 분과 국제 학술 대회를 준비하는 local organizer로서 1년여간 동분서주했던 일들이 지금에 와서는 추억거리로 남는다. 특히 나에게는 지리학에 입문해 국제무대로 학술 활동의 지평을 넓히고 얻은 하나의 결실이기에 그 의미가 더욱 크다고 할 수 있다.

최근 5년 도시 분과 연차 국제학술회의 발표 요약문

(1) 1999, Nanging

Inn Kim, Professor, Seoul National University

"A Study on Strategic Development of the Corridor Region between New International Airport and Seoul in the Era of Globalization."

Abstract: This study suggests a policy oriented idea in locational development strategies in Seoul and its metropolitan region to meet the current trends of globalization. In order to enforce the function of New International Airport which is being constructed as a global hub and to enforce the function of Seoul as a global city, it is suggested that both sites be considered as one integrating unit area instead of two separated ones. For this, it is necessary to develop a world oriented corridor region connecting these areas. A set of five strategic locations are selected within the designated corridor region and specific developmental ideas are discussed for each location in the context of geographical association among themselves. They are as follows: ① to enforce the new construction airport site not only as a global hub but also as a functionally specialized airport; ② to build a professional convention center at the site of Seoul Metropolitan Government Office; ③ to establish a new internationally oriented business district and settlement at the entrance of Kimpo Airport - Magok - Sangam areas as a specified international section in Seoul; ④ to enforce secondary industrial economic base in Seoul by expanding apartment type manufacutring firms and shops in inner city of Seoul; and ⑤ to develop a new planned industrial zone along the airport expressway connecting the new airport and Kimpo airport.

Keywords : Globalization, World Oriented Corridor Region, New International Airport.

(2) 2000, Seoul

Inn Kim, Professor, Seoul National University

"Opening Address"

As local organizer of this conference, I am very happy to be here to welcome all of you to " the land of morning calm". This annual international meeting for the IGU-Commission on Urban Development and Urban Life would have a special meaning to all of us. It is because this is the first meeting of the first year of the new millenium.

Up to now, we have here about 60 members from all around the world, 33 members from 17 countries and 24 members from Korean side. I am pretty sure that our meeting here will make it possible to share all the great ideas to figure out what's going on today's globalizing urban world.

As you know, Korea has a very unique record of urbanization that has never been found in other places. In such a short time of the last four decades, Korea has become a highly urbanized country from traditional agriculture based society, along with relatively successful economic achievement that is called a "miracle of Han River".

However, there is no achievement without any problems and pains. Although Korean cities have suffered from many difficulties such as regional disparities, urban congestions, weak urban infrastructure and so on, Koreans are giving every efforts to make our cities better places to live in. I think we can share those experiences together to make good urban models for the world during the commission meeting and field trips.

We live in the globalising world. The globalization process would have impact us on our everyday life no matter where you live. Now, our world becomes more complicated and interdependent as globalism and localism are intermingled together. Urban places are getting more important because they are expected to play more critical roles in this global world. It would be great challenges to urban geographer not only to figure out this globalising urban world but also to find a way of making the world better place to live.

I strongly believe that our urban commission can play a big roles and be a cornerstone to achieve these goals in the new millenium. In the Korea traditional way of treating special guests, they say, "guest is first and make him happy". I hope all of you enjoy your stay in Korea. If you need help, please do not hesitate to contact me and our committee members.

Thank you very much.   August 9, 2000

(3) 2001, Calgary

Inn Kim, Professor, Seoul National University

"High-Rise Compound Building Construction on the Old Residential Areas Near Subway Station: A Study of Residential Redevelopment in the Central city of Seoul"

Abstract : Downtown Seoul is one of the most problematic zones in regard to housing conditions and daily residential functions. As a result of the outgrowth of Seoul metropolitan region since the mid 1970s the residential infrastructures in downtown areas have spiraled down and thereby the quality of city life in the areas has been declined.

To help solve the problem, this study suggests redevelopment of the residential areas around the subway stations in Seoul metropolitan subway network system.

For the purpose, first, this study investigates the location characteristics of 50 transferring stations out of 242 subway stations connecting nine different subway line. Second it analyzes the conditions of the old residential areas within 500 m walking distance from some of the 50 subway stations. Third, it suggests residential renewal of the old residential sites by applying two techniques: one is the building coverage ratio and the other is the floor area ratio. Based on combination of the two ratios a high-rise commercial and residential compound residences can be constructed on the old residential sites near subway station which will help increase housing stocks and enforce the residential functions in the central city of Seoul.

Keywords : Residential Area, High-rise Compound Building, Subway Station, Building coverage ratio, Floor Area Ratio.

(4) 2002, Pretoria

Inn Kim, Professor, Seoul National University

"'Ruban Town' Project for the Sprawled New Mini Cities Surrounding Seoul in the Seoul Metropolitan Region"

Abstract : Urban sprawl is quite common phenomenon around big cities, but the concept of sprawl in Korea is quite different from that common in the western countries. The aim of this paper is to demonstrate that the rapidly extended urban sprawl is occuring by so called mini cities (complex of large apartment districts) near new town or mother cities in the Seoul metropolitan region. This paper focuses on exploring the phenomenon of urban sprawl after 1981 is the unplanned, unserviced, scattered development of the mini cities and their free riding pubic facilities of mother cities. This research will suggest that urban sprawl, when broadly conceived as the predominance of high-density development in Korea, is primarily a product of wrong land use policy and secondly fast growth of urban population around Seoul metropolitan region.

Keywords : "Ruban Town", Urban Sprawl, Mini City, Land-Use Policy.

(5) 2003, Slovenia

Inn Kim, Professor, Seoul National University

"Plans for City Identity Establishment and City Marketing : The Case Study of Kimpo City"

Abstract : The purpose of this study is to provide theoretical methods and practical strategies of creating city identity, and to utilize them as basic tools of city management. Place marketing consists of two parts, place assets making and place promotion. Place asset making is the process of making the place-specific advantage or attractiveness and the place promotion is the process which makes notice of it. The place marketing debates and strategies is quite often confined to partial place marketing, the search for the tactical method of place promotion. However, this study examines the characteristics of full place marketing focused on the place making such as the background, concept, category, participants and principles of place making.

This study finds out that the originality, specificity, and indispensability of place asset is the source of competitive advantage. Three-way partnership, place audit, assets development is important. The principles of place asset making are participation, learning and experience, and leadership and networks among actors.

The policy implication of this study is that it is most important for the success of place marketing to make competitive assets and eventual city identity.

Keywords : City Identity, Place Marketing, Place Asset, Kimpo City.

(6) 2005, Tokyo

Inn Kim, Professor, Seoul National University

"A Study on Collaborative Development Plan between the Capital Region of Seoul and the Non-Capital Region on the Occasion of Construction of a 'New Administrative Capital City' in Korea"

Abstract : Korea is faced with a "trio of opportunities" : the world's rising global standard economy; the national efforts to become a hub in the Eastern Asia's countries; and the development of knowledge-based industries. In order for Korea to be able to catch the opportunities it is needed urgently to prepare a symbiotic developmental plan between the capital city of Seoul metropolitan region and the rest regions of nation from now. Since the national five-year economic development plan-project started in 1961 the interdependence of the Seoul Metropolitan Region(SMR) and other regions is declining and the gap of economic development between the two is further increasing. Particularly, the sudden declining interdependency was due to the 1977 financial crisis along with accelerated concentration of economic activities into the SMR, especially in the second of the 1990s. The weaker interdependence leads to conflicts between the SMR and other regions, as well as contributing to inefficiency in the national economy and the regional imbalances. The widening gap between the SMR and the rest regions is an anxious one to be assumed as: ① the overall economic linkages between the SMR and other regions are week, ② the gap leads to the "self-expansion effect" of the SMR, ③ the SMR experiences an unexpected serious problem of agglomeration diseconomy, and 4. the gap means one dominant and dynamic socio-economic control point exists in nation-wide economic space.

In order to overcome this gap and to develop symbiotic relationship between SMR and the non-capital regions in the nation the Korean central government has acted three special law in December of last year, 2003. The three enacted law are: ① the National Balanced Development Special Law, ② the Devolution Special Law, and ③ the Special Management Law for Building a New Administrative Capital City. The three special laws expect to contribute a symbiotic collaborative development between SMR and non-SMR and strengthen the nation's competitiveness in the era of 21st century.

The aim of this study is to discuss and suggest an idea of developing strategic symbiotic plan for good implementation of the three enacted special laws, especially implementing for the law of building the new administrative capital city. The 21st century grand desire for "great symbiosis development" of Korean territory should be established and implemented firmly, consistently, and jointly by the central government, the local government, and the civic participants.

Keywords: Collaborative Development, New Administrative City, Seoul Metropolitan Region, Non-Capital Region.

6부

정년 퇴임을 앞두고 이 생각 저 생각

최창조 교수와 백인기 군

    정년 퇴임을 앞두고 이 생각 저 생각을 하는 가운데 회한이 남는 일이 두 가지 있다. 그중 하나는 최창조 후배 교수에 관한 것이다. 최창조 선생은 지리학계에서는 물론 일반인에게도 풍수 사상가로 널리 알려진 분이다. 내가 최창조 선생을 처음 만난 때가 1973년 3월로, 그가 모교 지리학과의 조교일을 볼 때였다. 맑은 눈빛과 단아한 모습에서 풍기는 인상이 처음 보면서도 친근감을 더해 호감이 가는 사람이었던 것으로 기억된다. 내가 서울대의 전임 교수가 되어 그와 해를 거듭하며 지내 오는 동안 그에게서 받았던 좋은 인상은 지금도 계속 유지되고 있다.

    우리는 그해 가을에 속리산으로 4학년 졸업반 학생을 인솔해 답사 겸 졸업 여행을 다녀왔다. 지금도 답사 일정을 계획해서 조교의 임무를 빈틈없이 처리하던 그 때의 최 조교가 생각난다. 사람이 호인이고 술을 즐겨서인지 학생들이 그를 참 잘 따랐다. 이미 전작(前酌)이 있었던 탓인지 취기가 올라 있던 최 조교는 나를 보자 술하기를 권했다. 나는 선뜻 응하여 속리산 속 주막에 앉아 술 사발을 기울이니 그것이 최창조 교수와 나의 첫 대작인가 싶다. 나는 술을 반주 삼아 마시듯 썩 즐기는 편은 아니지만 술자리에서 먼저 떨어지는 체질 또한 아니라서 학생들과 술자리에서 기분을 맞추는 실력은 너끈히 되었다.

그와의 첫 만남은 이렇게 시작되었으며, 우리는 속리산 속에서 첫 대작으로 '호연지기'를 나누었다. 그 후 그는 국토연구원의 주임 연구원으로 이적을 했고, 다시 충북의 서원대학을 거쳐 전북대학 지리교육과에 재직 중 모교 은사이신 김경성 교수의 후임으로 서울대학교의 지리학과 교수로 부임하게 되었다. 10년 후배인 최창조 교수와는 이렇게 인연이 닿아서 우리는 선후배 사이의 동료 교수로서 7년간 한직장에서 같이 근무하게 되었다. 그러나 그와의 동료 교수로서의 만남도 잠깐, 그는 1991년도에 서울대 교수직을 등지고 지리학과를 홀연히 떠났다.

나는 지금도 그가 왜 떠났는지 궁금하다. 서울대 교수직 사임 의사를 밝힌 최 선생에게 선배로서 동료 교수로서 사임 철회를 종용했으나 그의 단호함과 결연한 자세에서 볼 수 있었던 진정성과 용기에 숙연해질 정도였다. 그러나 나는 지금도 후회를 금치 못한다. 그때 최 선생을 끝까지 설득해서 학과에 잡아 두지 못한 것은 내 일생일대의 실수이다. 그것이 서울대 근속 33년을 채우며 퇴직하는 이 마당에도 지우기 힘든 소회로 남는다.

최창조 전 교수가 지리학과를 떠난 것은 지리학계와 내가 봉직하고 있는 학과를 위해서도 큰 손해였다. 그가 지금 학과에 남아 있었다면 풍수지리 학문을 더욱 체계적으로 발전시키며 우수한 제자들을 지도하여 우리의 전통 사상인 풍수지리학의 학풍을 견실하게 잇는 주춧돌이 되었을 것이다. 최 선생이 학과를 떠남으로써 그 자신은 물론 학계가 그러한 기회를 놓친 불운함이 못내 아쉽다.

　내가 아는 최 선생은 속필에 달필이다. 그는 좋은 글과 책을 연작으로 간행함으로써 풍수와 관련한 지리학을 세상에 알리는 데도 결정적인 역할을 했다. 그가 지금도 학과에 몸담고 있었다면 그의 집필력은 지금 한창 폭발적일지도 모를 일이다. K고교를 나온 그는 수재형이다. 학과에 이런 존재가 있었다는 것이 학과로서는 여러모로 구색을 갖추는 데도 은연중 도움이 되었다. 그의 온화한 성품은 학과를 따뜻하게 해 주었다. 겸손과 실력을 겸비한 그는 풍수에만 몰두하는 고집스러운 사람이 아니라 학문 세계와 현실 속에서 두루두루 살아갈 줄 아는, 대하기가 매우 편한 사람이기도 했다.

　이러한 그를 나는 우리 학과에 잡아 두지 못하고 무심히 떠나보낸 셈이 되었다. 이제 와서 후회한들 무슨 소용일까마는 그때 내가 먼 후일의 지금이 된 미래를 내다보지 못하고 그를 놓쳐 버린 아쉬움은 나의 아둔함의 소치가 아니겠는가! 일전에 그와 통화할 일이 있었다. 나는 그에게 솔직히 나의 소회를 거침없이 쏟아내며 걱정 섞인 안부를 물었다. 지금은 건강이 안 좋아서 꼭 써야 할 글이 아니면 글쓰기도 뜸한 편이란다. 경제는 어떤가 물으니 도와주는 분들이 있어서 괜찮다는 의연한 자세다. 그러나 그는 "그 당시 학과를 떠난 게 경솔했으며 지금 후회를 한다"는 담담한 고백을 들려 주었다. 이 말을 들으니 정년 퇴임을 앞두고 그때 최창조 교수를 잡지 못한 아쉬움에 대한 소회가 다시 내 마음을 아프게 스친다.

　또 하나 퇴직하며 가슴에 묻어야 할 회한은 제자 백인기 군에 관한 일이다. 백인기 군은 1984년 학부를 졸업하자 대학원에 진학하여 나를 지도 교수로 택했다. 그는 준수한 외모에 성품이 느긋한 여유로운 사내다.

그의 결혼 주례를 위해서 그의 고향에 갔을 때 뼈대 있는 집안에서 자랐음을 직감할 수 있었다. 서두르지 않는 성격, 무언가 깊이 사고하는 자세, 그러나 약간은 느긋한 기질을 감안하면서 그를 지도해야 했다.

백인기 군은 대학원에서 석사 학위를 끝내고 다시 박사 과정에 진학하고는 곧 군에 입대하였다. 그 후 군 복무를 마친 뒤 다시 박사 과정에 복귀하여 본격적인 박사 과정 수업에 몰입했다. 그는 학과 조교로서 학과 업무를 원만히 수행하는 능력을 보여 주었다. 학사 업무의 바쁜 일정 가운데에서도 박사 과정 이수와 논문 자격 시험, 외국어 시험 등 논문 준비를 위한 소정의 과정을 착실히 밟아 나갔다. 제대 후의 공백을 메우면서 또 조교로서의 시간을 할애하면서 박사 학위 논문을 제출하기 위한 준비 작업이 그에게는 시간상으로 다소 촉박할 수밖에 없었다. 그러나 그간 형설의 공을 쌓아서 논문 제출 자격까지 취득한 그에게 떨어진 지상 과제는 학위 청구 논문을 심사 일정 기간 내에 제출하고 심사를 받는 일이었다.

그가 연구를 시도한 학위 논문은 '개인의 지리적 세계'를 주제로 한, 일반 학위 논문과는 다소 성격이 차별화된 추상성이 가미된 논문 주제였다. 따라서 제3자의 이해를 높이기 위해서 논문 준비의 계획서(proposal) 과정에서부터 논문과 관련된 용어, 개념, 방법론 등이 정교하게 정리되고 연구 목적이 분명해야 했다. 이를 위해서 그는 주제와 관련된 많은 참고 문헌을 섭렵하고 내용을 소화하였으며, 연구 목적에 부합하는 논문 구성을 위해서 혼신의 힘을 다 쏟을 정도로 심혈을 기울였다. 자신의 논문에 대한 애착과 자신감도 돋보였다. 그래서 나는 논문 계획서에서부터 백 군과 함께 공동 작업을 펴고, 논문 제출 기일까지 논문 작업 과정의 시간을 역산해서 논문의 각 장을 완성해 나가는 식으로 지도를 했다. 그러는 과정에서 백인기 군의 논문이 나에게도 흥미로운 주제로서 지리학 연구의 또 다른 장르가 될 수 있겠다는 확신을 굳힐 수가 있었다.

마침내 박사 학위 논문이 완성됨으로써, 백인기 군은 예비 심사를 거쳐 종심까지 심사를 받게 되었다. 심사 과정에서 백 군은 논문 주제에 대한 요약 발표와 심사 위원들의 질문에 조리 있는 답변을 성실하게 잘 하였다. 그러나 종심까지 오는 과정에서 심사의 분위기가 결코 백인기 군에게 유리한 것만은 아니었다. 우선, 제출한 논문의 장과 절이 미완이라는 지적과 심사 위원들 중에서는 주제 자체에 대한 회의도 있었다. 결과적으로 피심사자인 백인기 군이 논문 심사를 자진 철회함으로써 심사를 자연스럽게 연기시키자는 주문이 개진되었다. 그러나 백인기 군의 경우는 심사를 받을 수 있는 마지막 기회였기 때문에 자진 철회가 불가능한 경우였다. 자진 철회는 곧 불합격 판정과 다를 바가 없는 것이어서, 결국 그의 논문은 최종 심사에서 통과되지 못하는 불운을 맞은 것이다.

심사 결과에 승복하기보다는 개운치 않은 뒷맛이 나를 씁쓸하게 했다. 학부와 대학원 과정을 통틀어 지리학과에 몸담고 이십여 년 정진한 형설의 공이 한순간에 무너지는 백인기 군을 보며 나는 애비를 잘못 만나 불행해지는 자식을 보듯 가슴을 쓸어안아야 했다. 나보다도 담담하게 결과에 승복하면서 오히려 지도 교수인 나를 위로하는 백인기 군의 의연한 자세를 보게 되니 나는 그의 장래를 생각하며 더욱 통절해질 수밖에 없었다.

나도 제자인 백인기 군도 그 후 한동안의 냉각기를 가지고 우리는 학위 논문의 연구 주제인 '개인의 지리적 세계'를 포기하지 않고 연구하기로 서로가 다짐을 했다. 그는 새로 시작하는 자세로 성신여자대학교 지리학과 대학원 박사 과정에 재입학하여 기필코 학위 논문을 성취하겠다는 결의로 연구에 매진하고 있다.

　나는 그의 포기하지 않는 프로다운 집념의 정신 자세를 보며 그가 박사 학위를 취득하고 그의 뜻하는 바가 성취되는 그 날까지 하느님께 간절히 빌 것이다.

길다면 긴 서울대 근속 33년!

서울대학교에 전임 교수로 부임한 해가 1973년 6월이니까 약관 32세 때의 일이다. 33년간 교수로서의 직장 생활을 오로지 한 곳, 서울대학교에서 시작하여 서울대학교에서 끝내게 되었다. 근속 33년에는 조교 경력도 없으며 물론 타 대학의 전직 교수 경력도 없다. 그러니 나는 그야말로 '오리지널' 서울대 맨인 셈이다. 그러니 또한 이력서에 나의 직장 경력 사항을 쓸 때 더없이 짧고 간단해서 좋다. 그러나 반평생을 함께 하며 정든 서울대의 교정과 체취가 밴 연구실을 떠나려 하니 만감이 교차함을 말로 다 형언하기가 쉽지 않다. 근속 33년, 강산을 세 번이나 변화시키고도 남을 시간을 오직 서울대에서만 보낸 셈이니 길다면 길다! 과연 이 긴 시간에 나는 무엇을 했나! 남부끄럽지 않게 교수로서의 삶을 살았나! 내 삶이 성공적이었다고 말할 수 있겠나! 잠시 호흡을 늦추며 지나간 서울대 재직 33년을 되돌아보게 한다.

서울대 직장 경력 사항을 보면 1973년 3월 시간 강사로 시작을 해서

1973년 6월 전임 강사, 1976년 조교수, 1980년 부교수, 1985년 교수로의 승진 발령 기록이 나의 인사 기록 카드에 나온다. 이 시간대의 스펙트럼 속에서 나는 교육과 연구에 몰두할 때가 있었는가 하면, 지리학이란 학문의 성격상 또 나의 주전공 분야인 도시지리학과 관련하여 상아탑의 바깥세상에서 나의 전문 지식을 활용해 나랏일을 거드는 일도 해야 했다.

이 스펙트럼의 과정 속에서 나의 승진 시기와 먹은 나이를 겹쳐서 볼 때, 신기하게도 내가 한 번씩 학문적으로 변화를 겪는 전환기가 있었음을 발견하게 된다. 1976년 조교수로 승진하기까지의 3년간은 전임 강사의 신임 교수 시절로, 교수로서의 모든 것이 미숙한 채 강의 준비에 급급한 전형적인 신출내기 교수였다. 강단에 서서는 준비해 간 강의 노트를 앵무새처럼 옮기며 학생과의 눈맞춤이나 표정 읽기를 피한 채 허공을 향해서 강의를 하던 때였음을 부인하기가 어렵다.

1980년 부교수로 승진하기까지의 조교수 시간 5년은 본격적으로 교수가 되는 '수업'을 전수한 과도기적 시기이기도 하다. 강의 시간에는 적절히 농담도 섞고 학생들과의 토의를 이끄는 연출도 시도했다. 연구 업적물을 쌓기 위해 의도적으로 함량 미달의 억지 논문을 써 내기도 했다. 그러나 혼신의 힘을 다해 연구하여 쓴 논문은 지금도 인용될 정도로 가치가 있는 것도 있으나, 논문 편수를 부풀리기 위해 쓴 논문들은 휴지통에 들어갈 쓰레기나 다름이 없다. 그래서 논문은 혼신을 다해 연구할 때 진정한 학문적 가치가 드러남을 재삼 깨달았으며, 학자로서의 교수로서의 양심은 명징해야 함을 뼈저리게 깨달았다.

나이 40에 부교수가 되어 정교수가 되기까지의 5년은 주니어급의 교수에서 시니어급의 교수 문턱에 드는 때로, 교수로서의 경력이 쌓이면서 보직 교수로서의 경력도 함께 쌓아 갔다. 학과장 직을 비롯해서 사회 과학 대학의 학생 담당 학장보(부학장), 대학 본부의 기획 위원회 위원, 학생생활연구소의 외국인 학생 지도 교수, 그 밖에 운영 위원 등이 부교수가 되어 두루 거치게 된 보직 경력이다. 보직 경력은 상아탑 속에서의 경력이긴 하지만, 학사 행정을 펴는 일에 한 발짝 다가서서 관심을 가지고 대학의 기구와 조직의 기능을 알게 되었다. 또한 대학 사회에선 나의 학자적 생애를 어떻게 조화롭게 접목시켜야 할지를 터득케 하는 데 큰 도움이 되었다.

1985년에 나는 정교수로 승진했다. 운이 좋았다고나 해야 할는지 1985년에 정교수로 승진한 해당 교수들은 재임용과는 무관하게 65세까지 정년이 보장된 교수들이다. 이렇게 나는 45세 때부터 정년을 앞둔 65세의 나이가 되기까지 20년을 정교수로 지내면서 재임용을 의식해야 하는 은근한 부담감과 압박, 즉 연구 실적물을 내기 위해서 논문 편수 채우기나 저명 학술지에 의무적으로 논문을 발표해야 하는 속박에서 자유로울 수가 있었다. 그러나 재임용과는 무관하다고 해서 논문 발표와 저술활동 등을 등한히 해도 좋다는 것은 물론 아닐 게다. 오히려 학자적 양심을 가지고 원숙한 경지에 달한 교수로서 후배와 학계에 귀감이 되도록 자율적 자기 조절과 바른 처신이 요구되는 지난 20년의 세월을 보냈다.

나는 지난 20년 동안 새로운 학설과 학술 논문을 놓치지 않으려고 하루도 빼놓지 않고 매일 최소한 30분간 의도적으로 전공과 관련된 논문 읽기를 했다(최근에 와서는 의도했던 노력이 좀 이완됐다는 표현이 더 맞을 것이다). 한편, 저술 활동에도 신경을 써서 1986년의 단행본 발간(『현대인문지리학 : 인간과 공간 조직』, 1986, 법문사)을 시작으로 학술 서적을 집필 · 발간했다. 특히 1985년을 전후해서 내가 주전공으로 하는 도시지리학 분야에서는 도시 연구의 관심이 세계도시, 도시 마케팅, 지속 가능한 도시 등으로 확대되면서 도시 연구의 새로운 학풍이 조성되기 시작했다. 그래서 지난 20년 동안은 새롭게 쏟아지는 학술 문헌을 섭렵하고 소화하기 위해서 더 많은 시간과 각고의 노력이 필요했던 때라고 말할 수 있다. 이를 위해, 대학원의 강좌와 연계하거나 강좌를 새로 개설해서 대학원 학생들과 함께 공부를 하기도 했다.

이러한 노력과 공들임이 결실을 맺어 2005년에는 『세계도시론』이 학술 개론서로, 『지속가능한 국토의 개발과 삶의 질』이 연구서로 출간되었다. 이들은 대학원 수업 과정을 통해서 창출된 대학원생들과의 합작물이라고 해도 과언이 아닌 점에서도 그 의의가 크다. 저술과 관련해서 하나 더 남은 과제는 정년 전에 쓰지 못한 도시 마케팅 입문서를 저술하여 정년 후에 책자 발간을 마무리 짓는 일이다.

지난 33년을 요약해 보자면, 학문 세계에서 변화와 발전의 크고 작은 연구 패러다임의 파동을 타고 때로는 그 파동에 순응하며 때로는 그 파동에 맞서 지리학적 지식의 지평을 넓혀 가고, 학문적으로 보다 성숙해지기 위한 자신과의 싸움을 했다. 이를 위해서 지난 33년을 교수임명제와 같은 제도에 괘념치 않고 자주적으로 자신을 규율하며 학문에 매진하기 위한 게임을 일관해 왔음을 조금은 자부하고 싶다.

그러나 한군데에서의 근속 33년이란 긴 세월에 대한 한 가지 소회를 피력하고 싶다. 그것은 '서울대에서의 근속 33년은 길다면 너무 길다' 라는 것이다. 학자이며 일본의 대사를 지낸 라이샤워 교수의 말을 돌이켜 보게 한다. 그는 500년간의 조선 왕조가 너무 길었다는 견해를 폈다. 500년의 조선 왕조가 지속되는 동안 중국은 명조에서 청조로 바뀌면서 새로운 왕조 하에 통치·문물·제도 등이 한 단계 더 개명·업그레이드되는 효과가 있었음을 역사적으로 지적한다. 그리고 역사에는 가정이 없다지만 한국도 조선 왕조 500년이 임진왜란을 치른 전후기로 나누어 새로운 왕조로 바뀌었다면, 근대사에서 개명에 더 큰 탄력을 받고 발전하는 나라가 되었을 것이라는 지론이다.

이와 비견해서 선진국 또는 미국의 경우 교수들이 한 대학에서 근속하는 연한이 30년씩이나 한 세대를 지속한다는 게 그리 흔치 않다는 점이다. 하버드 대학 등 명문 대학의 교수가 주립 대학으로 자리 이동을 하는 경우도 흔히 있다. 평균해서 미국의 교수들은 대체로 세 번 정도 대학을 옮긴다고 한다. 개인적인 이유와 여러 가지 여건 때문에 자리 이동이 발생하겠지만, 30년이란 장기 근속보다 10년 정도의 중기 근속이 오히려 바람직한 긍정적인 측면이 있을 법하다. 전향적으로 생각해 볼 때 대학을 옮긴 교수는 그 대학의 환경과 분위기에 적응하며 새로운 환경에서 더 큰 열의를 가지고 교육과 연구에 매진할 기회를 다짐하게 됨으로써, 보다 생산적인 연구 활동을 지속할 수가 있을 것이다. 생애에 이런 기회가 세 번 정도 주어진다는 것은 장기 근속보다 자기 발전에 더욱 기여할 수가 있고, 많은 연구 실적과 학계의 공헌도 증폭되리라는 기대도 가능하다. 따라서 우리나라의 교수 세계에도 이런 여건이 조성되어 전국 어느 곳의 대학이나 선택이 자유로운 세상이 되고 교수들로 하여금 타성에 젖기 쉬운 한 대학 붙박이 신세에서 빨리 해방될 수 있는 나라가 되기를 희망해 본다.

대한지리학회에 바란다

사회가 고도화되면서 대졸자의 취업 시장이 넓어지는 한편 특정 분야의 인력에 대한 채용 기회도 늘고 있다. 더구나 자질이 인정되는 인력이면 특정 전공에 관계없이 채용 확률이 높아지는 추세다.

지리학과 졸업생들의 취업과 관련한 직업 구성을 보면 교사, 교수(연구원 포함), 공무원, 일반 회사원, 그리고 일시 취업으로 간주되는 군 입대와 대학원 진학 등으로 크게 나누어 볼 수 있다. 이 중 교수직에 종사하는 집단과 교사직에 종사하는 집단이 지리학계를 이끄는 중심으로, 막강한 조직력을 가지고 학계와 사회에 미치는 영향력이 크다. 그 밖에 공무원은 수적으로 열세하지만 국가고시를 통해 사무관급으로 공직에 입문하는 공무원과 9급부터 시작하는 공무원이 중앙 정부와 전국의 지방 자치 단체 산하 기관에 포진돼 있다.

나는 지리학계가 더욱 발전하기 위해서는 지리학과 학생들이 졸업과 동시에 중앙과 지방의 공무원으로 취업할 수 있는 공직 입문의 기회가 확대되고 제도적 장치가 마련되어야 한다고 생각한다. 지리학은 학문의 성격상 국토의 관리와 국가 경영의 차원에서 다루어야 할 국정 업무와 매우 밀접한 학문이라고 생각하기 때문이다. 또한 학부 4년 동안 학생들이 배우는 지리학과 강좌의 내용과 교과목들이 국토 및 국가 경영과 매우 밀접한 관계가 있기 때문이다. 따라서 지리학과 학생들은 학부 4년 동안에 택하는 교과목을 통해서 나랏일에 대한 상당한 기초 지식과 소양을 가지고 졸업한다. 이러한 우리 졸업생들이 공직에 들어가 배치된 부서에서 근무를 할 경우 타 분야의 어떤 전공자들보다도 국정 업무의 탁월한 소화 능력, 수행 능력, 보직에 대한 적응력이 훨씬 탁월할 것으로 본다.

다만 아쉬운 것은 지리 전공 인력을 국가와 지방의 공직 사회에서 적극 수용하여 활용할 수 있는 법제상의 편재와 채용의 제도적 장치가 미비하다는 점이다. 더욱 아쉬운 점은 지리학을 전공한 전문 인력의 공무원이 필요함에도 불구하고 공무원 사회에 인식되어 있지 않다는 사실이다. 이제는 우리 지리학계가 적극 나서서 지리학과 졸업생들이 공직 사회로 진출할 수 있는 활로를 적극 개척해야 한다고 생각한다.

2005년은 대한지리학회가 창립된 지 60년을 맞이하는 해였다. 그간 지리학계는 대한지리학회를 중심으로 다방면에서 장족의 발전을 해 왔다. 그러나 최근 대학의 구조 조정과 대학 혁신 등이 요구되는 마당에 우리나라의 지리학계와 지리 인력을 양성하는 지리학과들이 처한 입장이 순탄한 것만은 아니다. 학과를 졸업하면서 취업의 활로가 상대적으로 유리한 학과가 살아남는다는 사실은 명약관화하다. 우리는 이제 지리학과 졸업생들이 자기 전공에 대한 자부심을 가지고 공직 사회로 첫발을 디뎌 나가는 길을 열어 주어야 한다. 그 수단의 하나가 우리 졸업생들이 국가 또는 지방 공무원으로 공직에 진출하는 것이다. 나는 이 목표를 향해서 이제는 대한지리학회가 적극 나서야 할 때라고 생각하며, 목적을 위한 체계적인 접근 방법이 학회의 주관하에 추진되어야 한다고 생각한다. 이런 취지에서 대한지리학회가 다음과 같은 일들을 추진해 줄 것을 제안한다.

  1) 대한지리학회가 주관이 되어, 공직 사회로 지리 인력의 취업 확대를 위한 사업 계획을 연구 차원에서 수립할 필요가 있다.

  2) 대한지리학회가 구체적인 사업으로서 두 가지 일을 추진할 필요가 있다. 그 첫째는 국가와 지방 자치 단체가 지리 전공 인력을 뽑는 법제상의 편재와 제도적 장치를 위한 대정부 교섭을 수행한다. 참고로 대한국토·도시계획학회는 10년에 걸쳐 대정부 교섭 활동을 펼친 결과 '도시계획직'을 따낸 바 있다. 둘째는 학회 차원에서 지리학과 졸업생들(특히 공직을 희망하는 학생)이 국가 업무를 수행하는 데 필요한 '공직 교과목'을 패키지 단위로 묶어서 개발한다. 참고로 '공직 과목(인구지리, 경제지리, 토지이용체계, 환경분석, 계량지리, 지도와 GIS)'을 통한 체계적인 교과목을 이수할 경우 공무원 지향의 맞춤 전문 인력 양성이 가능할 것이다.

  3) 대한지리학회의 지리학발전위원회에 태스크포스 팀을 두고 연구 활동비를 지원하며 소정의 목적이 달성될 때까지 학회의 계속 사업으로 학회가 추진한다. 이 사업은 학회가 주관이 되어 추진하되 대한지리학회의 전 회원과 특히 전국의 22개 대학, 22개 학과, 140여 명의 전임 교수들의 깊은 관심과 적극적인 동참과 학회에 대한 지원이 동반되어야 할 일이다. 끈기를 가지고 대한지리학회가 지리학과 지리학계의 지속 가능

한 발전을 위해 지금부터 시작해야 할 꼭 필요한 사업이라고 믿는다.

지리 전공 인력이 공무원 사회에 누적되어 인원이 많아지고, 각종 부서에서 활약상이 커지고, 요직에 자리한 고위 공직자가 늘어날 경우, 지리학계가 배출한 공무원들은 지리학계의 제3의 집단을 구성할 가능성이 크다. 이렇게 될 경우 지리 전공 공직자들에 의해서 지리학계의 위상이 높아지고, 사회적으로 지리학이 영향력 있는 학문이 되고, 무엇보다도 지리학과를 지망하는 학생들이 늘어남으로써 대학에서의 지리학과의 위상과 경쟁력이 높아질 것이다.

지리학 교육을 담당하는 교사 집단, 지리학 연구를 담당하는 교수(연구) 집단, 지리학 응용을 담당하는 공직자 집단이 삼위일체가 되어 지리학을 지탱하는 3각 포스트가 될 때 학문으로서 유서 깊은 지리학의 존재 가치는 사회가 필요로 하는 학문으로 더욱 각광을 받게 될 것이다. 특히, 지리학과를 지망하려는 고등학생과 졸업과 함께 사회로 진출하는 졸업생을 위해서 '이제 대한지리학회가 나서서 해야 할 일이 이것이다' 라고 나는 주장한다. 지리학의 '백년대계' 와 지속 가능한 발전을 위해서.

에필로그 : 1%도 당신의 뜻이었습니다

대학 학창 시절에 가졌던 '지리학에서 박사 학위를 받아 대학교수가 되겠다던 꿈'을 현실적으로 이루었고, 그것도 모교인 서울대학교의 지리학과 교수가 되었으니 금상첨화 격이다. 그래서인지 '저 사람은 시작부터 잘 나가는 사람'이란 평을 종종 듣기도 했다.

나는 은퇴하기까지 지리학과 관련한 7편의 책을 저술하겠다는 다짐을 했다. 그리고 7권의 책을 한 질로 묶어 놓았을 때 보기가 좋도록 '보, 남, 파, 초, 노, 주, 빨'의 무지개색으로 책 표지를 단장하여 출판할 것을 계획했다. 나는 퇴직 직전 연도에 그 뜻을 이루었다.

나는 지리학자로서 전문 인력으로서 내가 하고자 했던 역할을 어느 정도 실천하였음에 만족한다. 특히, 지리학을 기초로 한 도시 계획과 정책 과학에 깊은 관심을 가졌던 나로서는 학자의 입장에서 국토의 경영과 정책을 다루는 일에 지리학을 실천의 장으로 이끌었음에 만족한다.

비록 하찮은 일들에 불과했지만 나는 내가 하고자 했던 모든 일에 대해서 대소사 간에 아이디어를 중요시했고, 실천을 위해서는 선계획(先計劃)이라는 기본 자세를 견지했다. 그래서 내가 하고자 했던 일들이 나의 의지와 계획대로 비교적 잘 풀린다고 생각을 했다.

그러나! 내 힘으로 나를 거둔다는 맹신 같은 것, 이 얼마나 설익고 충실치 못한 자만이고 오만함이었던가! 마치 제대로 패지도 못한 벼가 고개를 빳빳이 세웠듯이.

나는 우연히도 부친의 일기에서 아버님이 자신을 갈고 닦으시며 간구하는 글귀를 보게 되었다.

남이 다 나를 귀중하게 여기면 어느샌지 모르게
저는 당신을 깜박 잊어버리는 죄를 짓나이다.

남이 나를 귀중히 여기지 않음은 나로 하여금
당신을 잠시나마 잊어버리지 못하게 하시는 일로 알고
간사한 섭섭 대신에 진실한 감사와 위로를 느끼게 되는 것이로소이다.

남은 나를 돌보지 않으나 당신께서는 나를 돌보시고
남은 나를 쳐 주지 않으나 당신께서만은
내 마음 가운데서 항상 나를 귀중히 쳐 주시나이다.

– 「이 하루를 영원처럼」 부친의 일기에서 –

오 하나님! 저는 이제야 깨닫게 되었습니다. 저의 한평생 지리학자로서의 33여 년을 제가 계획하고 저의 의지에 따라서 거둔 것이 아님을. 그 모든 것의 "1%도 당신의 뜻이었습니다." 오늘이 있기까지 저를 붙들어 주시고 주관해 주신 당신의 섭리에 두 손 모아 사죄하며 감사드립니다.

부록

지리학이란 학문에 대한 희열과 미련*

　반 고흐의 명화 "노인"을 보면서, 나도 언젠가는 저렇게 노인이 되겠지라며 내가 늙은 모습을 그려보곤 했다. 예상을 못했던 바는 아니나, 나이를 먹다보니 어느덧 나에게도 그때가 다가와서 백발의 노인이 된 지금 정년의 문턱에 서 있다. 서울대에 부임하여 지나온 33년의 세월이 꿈같고 만감이 교차하는 것은 그래서 늙은이의 인지상정일 게다.

　내가 지리학과 인연을 맺게 되는 시기는 서울대에 교수로 재직한 33년보다 앞서 12년 전쯤으로 더 거슬러 올라간다. 나의 "지리인생" 여정은 통산 45년이 되겠는데 , 4년의 대학학창시절 , 6여 년의 유학시절, 근속 33년의 교수시절로 크게 나뉜다.

　1959년 3월에 서울대 마크가 달린 교복과 교모를 쓰고 지리학과에 입학하기까지에는 나만의 특유한 곡절과 동기부여가 있었다. 나는 색약이라는

---

* 이 글은 地理學論叢 제47호(2006.2)에 실렸던 것이다.

생태적 한계 때문에 이공계열의 학과를 지망할 수가 없어서, 인문계열에 속한 지리학과를 택하게 되었다. 이것이 지리학이란 학문과 인연을 맺게 된 1차적 동기다. 눈 때문에 이공계는 일찌감치 포기해야 했고 학과선택의 기회가 반으로 줄어든 불운 속에서 인문계열의 어떤 학과를 지망해야 할지 고민하고 있던 와중에, 고2 어느 날의 "지리"수업시간이 나에게는 신선한 충격으로 다가왔다. 선생님께서 기후와 강수량의 관계에 대한 설명을 수식을 전개하며 풀어주신 게 어쩌나 인상적이었는지! 거기에는 큰 메시지가 담겨 있었다. "지리학"은 논리와 분석을 토대로 하는 과학적 성향이 큰 학문분야이다. 그렇게 각인된 지리과목이 나로 하여금 진로선택의 길라잡이가 되었고, 대학입학과 동시에 지리학과 인연을 맺어야 할 숙명적인 것이 되었다.

지금은 대학교수가 되려면 응당 박사학위를 소지해야 하지만, 입학 당시만 해도 그렇지는 않았다. 뒤늦게 안 사실이지만, 그 당시 모교(문리과대학)에는 외국에서 박사학위를 취득한 교수가 한 분도 없었다. 내가 3학년이 되던 1961년에 철학과에 교수 한 분이 부임하셨는데, 그분이 외국 박사학위 소지자 1호 교수셨다. 중년의 교수로 강단에 선 그분의 당당한 모습과 열강에 매료된 나는 학문의 길로 들어서고 교수가 되려면 나도 박사, 즉 지리학 박사가 되자고 결심하였다. 소박한 결심이긴 하지만 지리학을 평생의 업으로 하는 교수의 길로 가겠다는 뜻을 굳힌 게 대학재학 중 3학년 때의 일이다.

1963년 졸업 즉시 군에 입대하여 2년 반의 군복무를 마치고 유학길에 올랐다. 그때가 1966년 8월, 대학은 미국의 University of North Carolina(Chapel Hill)로, 나는 이 대학에서 지리학 석사(1968년)와 박사 학위(1972년)를 취득했다. UNC는 아름다운 자연 속의 고색창연한 캠퍼스에 최첨단의 대학 인프라가 잘 구비된 인문·사회·자연 분야의 학과를 고루 망라한 전형적인 문리과대학의 종합대학이다. 미국에서 10위권의 서열에 드는 학과가 많기로도 유명한 대학이다. UNC는 내가 진정 지리학을 전공하는 학자 "예비군"으로서 학문적 소양을 쌓고 전문지식인으로 성장하는데 훌륭한 아카데미즘의 배경과 비옥한 토양이 돼주었다. 1966년 대학원에 입학한 첫 학기에 하게트의 『The Locational Analysis in Human Geography』, 지리학의 과학적 입문서로 꼽히는 명저를 처음 대하면서, 그간 지리학의 방법론에 아쉬움을 느끼던 공백을 이 책을 통해서 메우는 듯한 짜릿한 느낌과 희열을 맛보았다. 유학시절의 석·박사 과정 중에 (통산) 이수해야 했던 40여 개의 강좌, 쏟아지는 과제물과 자료수집, 세미나준비와 텀페이퍼 작성을 위해 먼동이 틀 때까지 타자기를 두들겨야 했던 그때가 고통스럽지 않았겠냐만 지금은 오히려 아름답고 그리운 추억거리로 남는다. 이와 같이 6여 년의 유학시절은 제대로 된 地理人을 만드는 고난도의 "압축성장"의 과정이기도 했다. 특히 미국에서 톱랭킹 1~2위를 다투는 도시계획학과의 강좌를 부전공으로 택함으로써, 지리학과 도시계획학을 융합한 지리학자로서 planner가 되는 데 기초를 닦은 것도 이때였다. UNC와 Chapel Hill은 석사·박사를 성취하기까지 지리학이란 학문에 입(立)하는 과정의 중요한 시기의 길목에서 나로 하여금 地理人生의 한 획을 긋는 데 가장 지대한 영향을 미쳤던 대학이자 도시였다.

풍운의 꿈을 안고 떠났던 유학길을 성공적으로 마치고 귀국한 게 1973년 3월 초였다. 모교 지리학과의 졸업생 중에서 외국박사 1호로 귀국을 했으니, 금의환향이라고나 할까! 그러고는 서울대학교에 전임교수로 부임한 게 귀국한 해의 6월이니까 약관 30대 때의 일이다. 또한 학창시절 "교수가 되려면 나도 박사를, 지리학박사가 되자고" 한 다짐을 성사시킨 게 9년 만의 일이었다. 그로부터 33년간 교수로서의 직장생활을 오로지 한 곳, 서울대학에서 시작하여 서울대학에서 끝내게 됐으니, 근속 33년 안에는 조교 경력도 없고 타 대학의 전직 교수 경력도 없다. 오로지 나는 "오리지널" 서울대맨인 셈이다.

천학비재한 이 사람이 강산이 세 번이나 변하고도 남을 시간에 과연 무엇을 이루었나! 남부끄럽지 않게 교수로서의 삶을 살았나! 내 학문의 길이 성공적이었다고 말할 수 있겠나! 잠시 호흡을 늦추고 지난 33년의 재직기간을 되돌아볼 때, 지리학이란 학문에 대한 희열과 미련의 감회가 새삼 요동친다. 교수로서의 33년은 대학학창시절과 유학시절의 배우는 입장과는 또다른 地理人生의 길이었다. 교육과 학문을 위해 자신을 채찍질하고 연마하는 학자의 입장, 지리학을 응용하기 위한 실천가의 입장에서 나의 지리인생길이 점철된다. 학생을 가르치고 지도하는 일과 연구하는 일에 몰두해야 했는가 하면, 또 나의 주전공분야인 도시지리학과 관련하여 상아탑 바깥세상에서 나의 전문지식을 활용해 나랏일을 거드는 일도 해야 했다.

1985년에 나는 정교수로 승진했다. 그해 10월에 정교수로 나와 같은 날짜에 승진발령장을 받은 교수들은 서울대가 정년 65세까지 교수직을 보장하는 신규교수인사제도의 혜택을 받은 최초의 교수들이다. 이렇게 나는 45세 때부터 정년을 앞둔 65세의 나이가 되기까지 20년을 정교수로 지내면서 재임용 제도를 의식해야 하는 속박에서 자유로울 수가 있었다. 그러나 재임용과는 무관하다고 해서 논문발표와 저술활동 등을 등한히 하지 않았고, 오히려 학자적 양심을 가지고 원숙한 경지에 달한 교수로서 후배와 학계에 귀감이 되도록 자율적 자기조절과 바른 처신이 요구되는 지난 20년의 세월을 보냈다. 나는 지난 20년을 새로운 학설과 학술논문을 놓치지 않으려고 하루 일과 중 최소한 30분 이상을 의도적으로 전공과 관련된 논문읽기를 했다. 최근에 와서는 의도했던 노력이 좀 이완되었다는 표현이 더 맞을 것이다. 한편 저술활동에도 신경을 써서 1986년의 단행본발간(『현대인문지리학: 인간과 공간조직』, 1986, 법문사)을 시작으로 학술서적을 집필·발간했다. 특히 1985년을 전후해서 내가 주전공으로 하는 도시지리학 분야에서는 도시연구의 관심을 세계도시, 도시마케팅, 지속가능한 도시 등과 관련한 도시연구의 지평을 확대해나갔다. 그래서 지난 20년 동안은 새롭게 쏟아지는 학술문헌을 섭렵하고 소화하기 위해서 더 많은 시간과 각고의 노력이 필요했던 때라고 말할 수 있다. 이를 위해, 대학원의 강좌와 연계하거나 강좌를 새로 개설해서 대학원 학생들과 함께 공부를 하기도 했다.

이러한 노력과 공들임이 결실을 맺어 2005년에는 『세계도시론』이 학술개론서, 『지속가능한 국토의 개발과 삶의 질』이 연구서로 출간되었다. 이들은 대학원 수업과정을 통해서 창출된 대학원생들과의 합작물이라고 해도 과언이 아닌 점에서도 그 의의가 크다.

지난 33년을 요약해보자면 학문세계에서 변화와 발전의 크고 작은 연구 패러다임의 파동을 타고 때로는 그 파동에 순응하며 때로는 그 파동에 맞서 지리학적 지식의 지평을 넓혀가고 학문적으로 보다 성숙해지기 위한 자신과의 싸움을 했다. 이를 위해서 지난 33년을 교수임명제와 같은 제도에 괘념치 않았고, 자신을 규율하는 honor system에 입각해 학문에 매진하기 위한 게임을 일관해왔음을 조금은 자부하고 싶다.

교수직은 많이 읽고, 많이 생각하고, 많이 써야 하는 직업이다. 그래서인지 교수에게는 연구실이라는 독방이 주어지며, 학문의 자유가 보장되는가 보다. 재직기간 중 지리학과가 자연대 24동에서 사회대 14동, 사회대 7동,

다시금 관악캠퍼스에서 가장 큰 대형강의동으로 건축된 사회과학 16동으로 네 번이나 옮겨 다녔다. 나는 연구실을 옮길 때마다 7평 남짓한 직사각형의 연구실공간을 보다 효율적으로 쓰기 위해 3평 남짓한 "口字" 공간을 연구실 안에 따로 꾸몄다. 의자를 360° 회전시키면 강의노트에서부터 리모컨에 이르기까지 내가 가장 긴요하게 쓰는 모든 것들이 손에 잡힌다. 실로 연구실의 口字 공간은 실시간대로 모든 일의 처리가 가능한 이른바 유비쿼터스 공간이 되는 것이다. 문을 닫고 있으면 '밀실'이 되고 열고 있으면 그 누구에게나 '열린 공간'이 되는 연구실 안에서도 특히 3평의 口字 공간은 내가 더 좋아하고 아끼는 공간이었다. 상아탑 속의 상아탑, 일터 중의 일터로 손색이 없는 최상의 공간이다.

최근 상아탑을 자주 폄하하는 소리가 들린다. 그러나 교수는 상아탑을 지킬 때 자신을 자유롭게 하는 학문을 할 수 있으며, 사회가 요구하는 "진짜" 일들을 펴낼 수가 있다. 그래서 교수직과 연구실은 불가분의 관계로 교수에게 독방 연구실을 주었나 보다. 하루 24시간 중에서 집에서 보내는 평균 8시간을 빼고 나머지 시간은 일터로서 연구실을 지키는 … 너무 지나친 주장일까! 나는 특별한 일 없이도 하루에 한 번은 연구실에 들르고 외부일로 연구실을 비웠다가도 다시 들렀다 귀가하는 버릇이 습관처럼 되었는데, 나의 직업에 충실하기 위해 스스로가 세운 원칙을 지키고자 한 노력이었다고나 할까! 교수가 "철밥통" 신세의 안이한 자세로 전락하는 것은 단호히 배격되어야 하겠지만, 교수의 "상아탑" 정신은 존경받으며 길이 이어져야 할 것이다.

나는 여기서 지리학이란 학문의 성격을 논하고 싶은 생각은 없다. 다만 지리학의 존재가치를 위한 학문적 정체성의 확립이 중요함을 꼭 피력하고 싶다. 지리학의 학문적 정체성은 '입지성'에서 나온다. 입지성은 위치, 사이트, 상대적 위치, 분포의 개념을 함축한 복합개념이다. 인류의 역사무대를 형상화시킨 지리공간은 자연은 물론 인간의 역동적인 정치, 경제, 사회의 모든 것을 담고 있다. 지리학에서 중요시하는 모든 사상(事象)들의 입지적 특성은 역사무대의 사후 결과인 동시에 사전 원인임을 동시에 인식할 필요가 있다. 요컨대 위치, 사이트, 상대적 위치, 분포가 역사무대 생성의 원인요소이며, 역사무대의 특성을 규명하는 관건이 되기 때문이다. 따라서 지리학의 방법론상에서 "입지성"이 빠진 논의는 공허한 담론에 빠지기 쉽고, 지리학자가 "입지성"에 체화되지 못한다면 지리학에 대한 학문적 성격의 공감대, 학문적 목표의 구심점, 학문적 응집력이 결여된 채, 지리학은 누구나 다 집적거려 볼 수 있는 학문쯤으로 폄하되기 쉽다. 때문에 "입지성"의 인식은 지리학이란 학문의 정체성을 확고히 하는데 금과옥조와 같은 계명이라고 생각한다. 우리가 어떤 분야의 지리학을 하던 간에 지리학자는 입지논리가 분명해야 할 것임을 천명하고 싶다.

　우리나라 지리학의 위상을 생각해보자. 지리학은 그 연조가 매우 오랜 학문이다. 고대 서양에서는 기원전 2세기경에 에라토스테네스에 의해서 최초로 저술된 지리서 Geographiska, 로마 스트라보의 지리지 Geographia 17권, 2세기경 프토레미의 경위선을 표시한 세계지도 등을 보아도 지리학이 얼마나 연조가 깊은 학문인지 알 수가 있다. 지리학은 발달의 역사가 오래다 보니 여러 파생학문의 母學이라고 한다. 구라파와 대양주의 독·불·영어권과 기타 국가에서는 지리학의 위상이 실용학문으로서도 대접을 받는다고 한다. 그러나 우리나라는 어떠한가? 사실 우리의 지리학은 사회에 기여하는 만큼의 평가와 대접을 제대로 받지 못한다는 게 매우 유감이다. 지리학과에 소신 지원하는 수험생을 학부모가 만류하는 사회, 지리학 전공자의 공채가 제한된 기업시장, 전문 인력으로 국가 공직에 입문하기 어려운 풍토, 왜 그럴까! 우리는 이 문제를 냉철한 머리와 뜨거운 가슴으로 허심탄회하게 따져보아야 한다. 地理人이면 모두가 방관자의 자세로 남을 게 아니라 적극적인 자세로 대응책을 모색해야 한다. 서구 선진국의 지리학이 학문적 위상이 높고 경쟁력이 강한 학문일진대, 우리는 서구의 지리학적 환경을 벤치마킹해서라도 우리의 지리학을 한 차원 높게 업그레이드시켜야 하지 않을까? 우리 地理人 모두의 몫이다.

끝으로 지난 33년간 나와 인연을 맺으며 석·박사 과정을 거쳐 간 제자들에게 해주고 싶은 말이 있다. 대학원에 입학한 학생들을 어떻게 하면 보다 훌륭한 지리학의 전문 인력으로 키워내는가가 나의 중심과제 중의 하나였다. 우리 대학원 지리학과에 적을 두었던 제자들은 현재 나와 같은 교수가 되었거나, 연구직, 교사, 공직에 종사하거나 석·박사 과정의 재학들이지만, 나에게는 모두가 "구엽"은 존재다. 여기서 "구엽다" 함은 제자 하나하나가 귀하고 소중하다는 뜻이다. 이들 전문 인력은 지리학의 지속가능한 발전을 추진해갈 "성장 동력"이요, 지리학의 "미래가치"이기 때문이다. 이들에게 때로는 채찍을 때로는 당근을 가지고… 이런 에피소드도 있었다. 내 수업시간에 대학원생들이 세미나 준비가 미진하거나 불성실(과제물을 읽어오지 않은 경우)할 때, 그 시간 수업을 보이콧했다. 석·박사학위 논문의 내용이 부실하거나 방법론상의 문제가 드러나면, 논문발표의 공개석상에서 가혹한 비판도 마다하지 않았다. 지리학과의 모든 대학원 학생들은 지도교수가 다르더라도 한 가족과 같은 식구임을 강조했고, 그러한 유대관계의 학문적 공동체가 견지되기를 바랐고 지금도 그 생각은 변함이 없다. 나는 정년퇴임 1년을 남기고 집필을 시작해서 나의 지리인생 이야기를 책으로 펴냈다. 별로 특출하지도, 체체하지도, 훌륭하지도 못한 평범한 삶을 살아온 인생이었지만, 그래도 나의 지리인생만큼은 지리(地理)를 전문업으로 삼고 살아가야 할 후학들에게 이야기책으로 꼭 들려주고 싶어서였다.

이 사람이 정년에 이르기까지 명예롭게 퇴진할 수 있도록 도와준 분들이 내 주위에 많이 계신다. 이들 중에서도 나와 함께 지리학과의 동료교수로서, 선후배로서 동고동락하며 우리 지리학의 학문 발전과 학과를 위해서 헌신적으로 애쓰시는 학과 교수님들에게 깊은 감사를 드린다.

근속 33년의 교수 경력에서 얻은 진정한 교훈은 "교수는 무능해서도 안 되고 유명해지기 위해 허명을 남발해서도 안 된다. 몸과 마음이 다 깨끗해야 제대로 된 교수로 살아갈 수가 있다." 맥아더 장군이 그의 모교 웨스트포인트 고별식에서 "노병은 죽지 않고 사라져 갈 뿐이다"라는 말을 음미하며, 이 노교수는 나의 모교 지리학과를 떠나간다.

2006년 2월 관악산 연구실에서
김인

김인(金仁) 교수님의 정년퇴임에 부쳐*

김인(金仁) 교수님은 1973년 우리 지리학과에 부임하신 이래, 33년 동안 연구와 교육으로 지리학계에 이바지하시다가 2006년 2월로 정년을 맞이하시게 되었다. 선생님은 또한 우리 학과가 창설된 이래 두 번째 해에 입학한 동문이시다. 지리학과에 입학하신 1959년부터 올해까지 반세기에 가까운 세월은 바로 우리 지리학과의 역사이기도하다. 우리 학과는 지리학논총(地理學論叢) 이번 호에 선생님의 사진과 업적을 실어, 지리학과가 오늘에 이르도록 힘쓰신 공을 기린다. 또 지리학논총과는 별도로, 후학들이 글을 모아 한 권의 책을 마련하고, 2006년 3월 31일 서울대학교 호암관에서 봉정하는 행사를 치른다.

선생님은 평생을 도시 연구로 일관하셨다. 물론 연구의 내용은 도시 체

---

* 이 글은 地理學論叢 제47호(2006.2)에 실렸던 것이다.

계를 비롯하여 환경, 도시 마케팅 등 다양한 범위에 걸쳤지만, 대상지역은 늘 도시였으며, 심지어 비도시지역을 다룰 경우에도 농촌보다는 농촌지역의 중심도시인 읍(邑)에 더 무게를 두셨다. 이렇듯 한 분야를 수십년 천착(穿鑿)하신 때문인 듯, 정년을 맞아 후학들이 펴내고자 하는 단행본도 "도시해석"이라 이름하고, 도시에 관련한 여러 연구물을 담게 된다. 선생님의 도시에 대한 관심은 학계활동에서도 그대로 드러난다. 선생님이 관여하신 국내외 여러 학술단체 가운데 한국도시지리학회, 대한국토·도시계획학회, 세계지리학연합(IGU) 도시학술분과 등에서의 선생님 활동이 두드러지며, 한국도시지리학회에서는 회장을 역임하시기도 하였다.

강의와 글쓰기는 대학교수가 하는 일의 두 축이라 할 것이다. 선생님은 강의도 뛰어나셨지만, 저술활동은 그야말로 남달랐다. 지금까지 선생님 단독으로 쓰신 책만 6권이며, 다른 이와 공동으로 쓴 책을 합하면 무려 16권에 이른다. 선생님이 우리 학과에 몸담으신 것이 33년이니 대학교수가 된 이래 대략 한 해 걸러 한 권씩 책을 펴낸 셈이 된다. 학자로서 평생 몇 권의 책을 써내기도 쉽지 않은 것을 감안하면, 선생님의 필력(筆力)은 경이로울 뿐이다. 학술서는 소장학자의 연구 참고가 될 뿐 아니라 학생들이 공부하는 지침서가 된다는 점에서, 선생님이 쓰신 책들은 지난 반세기 동안 우리나라의 도시지리학계에서 중요한 길잡이가 되었다고 평가할 것이다.

또 선생님은 이론과 방법론뿐 아니라, 실용적 측면에도 큰 관심을 기울이시어 국토의 개발, 도시 계획 등과 관련한 연구도 적지 않았고, 건설부 정책자문위원회, 서울시 지명위원회, 한국공항공단 공항정책 자문위원회, 부천시 도시계획위원회, 김포시 도시계획위원회, 행정중심복합도시건설 자문위원회 등 여러 기관과 위원회에서 활동하셨다. 최근에 들어서 도시 마케팅, 지속가능한 도시, 세계도시 등에 관심을 모으시게 된 것도, 학문의 응용이 갖는 가치에 대한 선생님의 남다른 관심을 엿볼 수 있는 대목이다.

선생님은 우리 학과의 동문이기도 하여, 선배 교수로서 후배들에게 길잡이 구실을 크게 하신 점도 빼놓을 수 없다. 일찍이 학문에 뜻을 두시어, 우리 지리학과의 학부과정을 졸업하고 군복무를 마치자 곧바로 미국으로 가셔서, 노스캐롤라이나 대학교(University of North Carolina, Chapel Hill) 지리학과에서 박사학위(1972)를 받으셨다. 우리 지리학과로서는 해외에서 학위를 받은 첫 동문이었으므로, 선생님이 귀국하시어 강의를 시작하셨을 때 후배와 제자들의 기대는 가히 폭발적이었다. 선생님이 부임하시던 1970년대 초는 국외의 책과 글을 구하기가 무척 어려웠던 탓에 새로운 지식과 연구방법론에 목마름이 컸었던 시절이었다. 이런 연유로 선생님께 석사, 박사과정 지도를 청한 대학원생이 많았고, 30여 명의 석사와 박사가 배출되었다.

김인 선생님의 집안에는 학자가 많다. 선생님의 부친은 서울대학교 사범대학에 계시던 고 김석목 교수이시고, 선생님의 부인 김정숙 교수 역시 홍익대학교에서 영문학을 가르치신다. 부부가 교수인 경우도 흔치 않거니와, 부자(父子)가 같은 대학교에서 교수로 봉직하는 것은 더욱 드문 일이라 할 것이다. 이처럼 학자 가풍(家風)이 선생님으로 하여금 한평생을 연구와 교육에 바치게 한 뒷받침이었을 것으로 짐작한다. 선생님은 장수하실 분이시다. 훤칠하신 풍모(風貌)는 흠모의 대상이었고, 만능선수라 할 만큼 여러 운동에 능하셨다. 이제 비록 교수직은 면하시지만 학풍은 계속되고, 제자 사랑은 전보다 더하실 것으로 믿는다. 우리 지리학과의 교수와 학생 일동은 선생님께서 아무쪼록 건강관리를 잘하시어 평소 이루지 못하셨던 학문 이외의 일도 즐기시고 우리 학과와 후학들도 두고두고 보살펴주시기를 바라 마지않는다.

김인 교수님의 정년기념 행사와 출판은 여러 사람의 도움이 있어 가능하였다. 우리 학과의 교수, 학부 및 대학원 재학생, 동문, 그리고 도시연구에 관심을 둔 학계 여러분들이 글쓰기로, 찬조금으로, 시간과 노력으로 봉사하였다. 이 지면의 제약으로, 도와주신 분들의 이름을 일일이 적지는 못하지만, 이분들에게 학과를 대표하여 감사의 말씀을 드린다.

병술년(丙戌年) 봄에
지리학과장 허우긍 삼가 씀

김인(金仁) 교수 약력 및 연구업적

I. 약력

■ 가족관계
부인: 김정숙(홍익대학교 명예교수)

딸: 김명화(미국 포틀랜드시 한국인학교 교사, NGO)

사위: 장희준(미국 오리건주 포틀랜드주립대학 지리학과 교수)

손자: 장산

아들: 김명우(TV조선 방송기자, 정치부 차장)

며느리: 이승민(YTN 아나운서)

손녀: 김예림, 김민솔

■ 학력
1959.2   서울사대부고 졸업

1963.2   서울대학교 문리과대학 지리학과(문학사)

1968.5   미국 University of North Carolina, Chapel Hill(문학석사)

1972.5   미국 University of North Carolina, Chapel Hill(철학박사)

■ 경력

• 서울대학교 경력

1973.3~1973.6	서울대학교 문리과대학 시간강사
1973.6~2006.2	서울대학교 문리과대학/사회과학대학 지리학과 전임강사/조교수/부교수/교수
1980.3~1980.8	서울대학교 사회과학대학 학장보
1981.2~1983.1	서울대학교 사회과학대학 지리학과 학과장
1986.9~1988.8	서울대학교 학생생활연구소 외국인 유학생 지도부장
1988.9~1990.9	서울대학교 교육공무원 인사위원회 위원
1992.2~1994.1	서울대학교 부설 국토문제연구소 소장
1998.2~2000.2	서울대학교 사회과학대학 지리학과 학과장
2000.6~2006	서울대학교 한국문화연구소 운영위원회 위원
2006.2~현재	서울대학교 명예교수

• 기타 경력

1963.4~1965.11	군복무, 병장(육군)
1976.8~1977.6	네덜란드 국비초청 ITC 항공사진판독 연수원
1980.6~1980.7	하와이 동서문화센터 인구문제 및 정책전문가과정 연수
1982~1984	건설부 정책자문위원회(국토개발분과) 위원
1983.3~2002.3	서울시 지명위원회 위원
1984.3~1986.3	대한지리학회 총무
1990.4~1994.4	대한국토·도시계획학회 이사
1987.6	제16차 태평양과학대회 태평양지역 도시분과 Local Organizer
1991.3.	제3차 국토종합개발계획 정주체계 분과 수립계획 자문위원
1991.4	대우재단 지리학분야 도서집필 지정과제 선정위원
1993.6~1994.6	한국공항공단 공항정책 자문위원회 위원
1994.4	동아출판사 「동아-세계원색대백과사전」 간행 지리분야 책임

1995.3	서울시 도시계획국 국제화개발계획 운영위원 위촉
1995.12	서울강서구구정발전자문위원
1997.12~1998.1	미국 University of North Carolina 객원교수
1996.3~1997.3	수도권정비계획 자문위원
1998.3	서울시정개발연구원 도시계획연구부 용역사업 심사위원 위촉
1998.7~1999.6	한국도시지리학회 회장
2000.8	세계지리학연합 도시분과 서울2000년 국제학술회의 Local Organizer
2000.8~2006	세계지리학연합 도시분과 운영위원
2002.4~2004.3	부천시 도시계획위원회 위원
2003.10~2006	서울특별시 강서구 마곡지구 개발자문위원
2003.11~2006	김포시 미래발전위원회 위원
2003.12~2006	김포시 도시계획위원회 위원
2005.5~2006	행정중심복합도시건설 자문위원

• 훈포상

1983.10. 서울대학교 10년 근속 표창

1993.10. 서울대학교 20년 근속 표창

2003.10. 서울대학교 30년 근속 표창

2006.2.   대한민국 옥조근정 훈장

2. 연구업적 및 학술활동

■ 연구업적

• 저서(단독, 편저, 역서, 공저, 제작물, 중등교과서)

1975, 대한민국 도로망−관광지도(제작물), 서울대 대학신문사.

1979, 인문계 고등학교 교과서 인문지리(공저), 국정교과서.

1980, 한국의 도시와 촌락연구(공저), 보진재.

1980, 한국지지총론(공저), 국립지리원.

1980, 인문지리학: 공간패턴과 그 전개과정(역서), 대한교과서 주식회사.

1983, 중학교 교과서 사회과부도(공저), 장왕사.

1984, 도시지리학: 이론과 실제(편저), 법문사.

1986, 한국사회과학방법론의 탐색(공저), 서울대 사회과학연구소, 사회과학총서 9, 서울대학교 출판부.

1986, 현대인문지리학: 인간과 공간조직, 법문사.

1988, 수도권 지역연구: 공간인식과 대응전략(편저), 서울대학교 출판부.

1989, 고등학교 교과서 한국지리, 세계지리, 지리부도(공저), 동아출판사.

1990, 대학교육: 사회과학분야(공저), 대왕사.

1991, 도시지리학원론, 법문사.

1993, 범세계화와 세계도시: 「세계도시로서의 서울」을 분석하기 위한 시론적 연구, 서울대학교 국토문제연구소.

1994, 국토문제진단(공저), 서울대 국토문제연구소.

1996, 21세기 세계화시대의 국토개발(공저), 국토개발연구원.

1999, 한국의 도시(공저), 법문사.

2001, 세계화와 지역발전(공저), 한울.

2001, 한국의 학술연구, 인문·사회과학편 제3집(공저), 대한민국학술원.

2002, Diversity of Urban Development and Urban Life(편저), 서울대학교 출판부.

2002, 지식정보사회의 지리학 탐색(공저), 한울.

2005, 세계도시론, 법문사.

2005, 지속가능한 국토개발과 삶의 질, 한울.

2006, 어느地理人生 이야기, 푸른길.

• 논문

1962, 근대 지리학사의 개관, 지리학보 1집, 서울대 문리대 지리학과.

1968, An Application and Evaluation of the Minimum Requirement Approach to the Economic Base to North Carolina's Cities of 10,000 or More, University of North Carolina, Chapel Hill, 석사학위 논문.

1972, Spatial Impact of Federal Outlays on the Metropolitan Areas in the United States, University of North Carolina, Chapel Hill, 박사학위 논문.

1974, 도시인구밀도분포의 패턴과 성장에 관한 연구, 환경논총, 서울대학교 환경대학원, 제1권, 제1호, pp.65-79.

1974, 밀도분포에 의한 도시인구 추계방법에 관한 연구: 수도 서울을 사례로, 지리학, 대한지리학회, 제10호, pp.33-42.

1974, 국토의 도시화와 도시체계 공간구조의 변천: 1976-2000, 지리학, 대한지리학회, 제14권, pp.41-57.

1975, 미국연방지출이 지역성장에 미치는 지리학적 연구, 낙산지리, 제3호, pp.27-44.

1976, 도시지리학연구, 도시문제, 대한지방행정공제회, 제114호, pp.32-43.

1977, 시가지 지역의 空閑地 토지이용의 변천에 관한 연구: Spain Barcelona시 항공사진 분석 사례연구, 환경논총, 제6권, 제1호, pp.87-100.

1978, 현대지리학의 사고와 연구방향, 지리학논총, 서울대학교 사회과학대학 지리학과, 제5호, pp.4-14.

1979, 신행정수도의 이전과 입지문제, 지리학, 대한지리학회, 제20호, pp.52-62.

1981, 최근 우리나라 도시체계의 발달성장과 전망, 도시문제, 6월호, pp.10-42.

1981, 서울 상업지구공간조직에 관한 연구, 국토계획, 대한국토계획학회, 제16권, 제2호, pp.27-42.

1981, 대학원 지리학과 교육과정 발전을 위한 연구, 지리학논총, 제8호, pp.83-107(공저).

1983, 지리학에서의 패러다임 이해와 쟁점, 지리학논총, 서울대학교 사회과학대학 지리학과, 제10호, pp.15-25.

1983, 한국의 도시체계와 성장도시: 도시체계상에서 성장도시의 확인, 분석, 평가를 위한 연구, 환경논총, 서울대학교 환경대학원, 제12권, pp.134-165.

1983, 서울시 주거지 교외화의 형성배경, 응용지리, 한국지리연구회, 제6호, pp.55-75(공저).

1983, National Urban System in Korea Since World War II, Asian Geographer, vol. 2, no.1, pp.11-25.

1984, 서울시 주거지 교외화의 공간구조적 특성과 패턴, 지리학, 제29호, pp.1-19.(공저)

1984, 주택의 소유관계와 주거지 공간분화 현상: 서울을 사례로, 사회과학과 정책연구, 서울대학교 사회과학연구소, 제6권, 제2호, pp.117-151.

1985, 서울근교촌 자연부락의 도시 마을단지 개발방향에 관한 연구, 지리학, 대한지리학회, 제32호, pp.100-110.

1985, 수도권 정비와 계획방향, 도시문제, 대한지방행정공제회, 제20권, 제2호, pp.8-21.

1986, 지리학의 본질, 방법론, 패러다임 논쟁, 사회과학과 정책연구, 서울대학교 사회과학연구소, 제8권, 제1호, pp.191-220.

1987, 산촌지역개발을 위한 연구시론, 지리학논총, 제14호, pp.283-290.

1989, 국토공간의 발전과 취락체계, 지리학논총, 별호 7, pp.25-34.

1989, 농촌 소도읍 정주체계의 재구성과 기능활성화를 위한 지리적 論究, 지리학논총, 제15호, pp.21-34.

1990, PC-based GIS 개발에 관한 기초연구, 지리학, 대한지리학회, 제29권, 제1호, pp.16-38.

1992, 우리나라 중도시의 기능과 도시체계 분석 및 육성방안에 관한 연구, 국토계획, 제27권, 제3호, pp.47-78.

1994, 국토관리의 방향정립을 위한 국토진단, 대한지리학회지, 제29권, 제1호, pp.16-38.

1994, 서울: 환태평양시대 동북아 Mega-City로서의 입지와 역할, 동북아 대도시의 미래: 초국경화 전망과 협력방안, 서울시정개발연구원, pp.41-57(한·

중·일 국제회의 발표논문).

1995, 세계화시대 서울의 도시경영전략, 국토계획, 제30권, 제3호, 대한국토·도시계획학회, pp.5-16.

1995, 최근 도시지리학의 연구동향 「progress in Human Geography」의 도시지리 Progress Report를 중심으로, 지리학논총, 제26권, pp.1-17(공저).

1996, 세계도시(World City)로서 수도 서울의 발전전망에 관한 지정학적 연구, 국토계획, 제31권, 제2호, 대한국토·도시계획학회, pp.7-19.

1998, 지리학의 아이덴티티를 '입지성'에서 찾자, 대한지리학회보, 대한지리학회, 제58호, pp.1-2.

1998, 세계화시대의 서울·수도권 입지의 국제화 전략, 서울시정연구, 제6권, 제2호, pp.47-60.

1999, 도시와 도시지리학, 한국도시지리학회지, 제2권, 제1호(권두언).

2000, A Study on Strategic Development of the Corridor Region between New International Airport and Seoul in the Era of Globalization, 한국도시지리학회지, 제3권, 제1호, pp.15-20.

2001, 지하철 역세권 주상형 주상복합타운 개발컨셉 구상: 서울 지하철 역세권을 대상으로, 한국도시지리학회지, 제4권, 제2호, pp.65-68(단보).

2001, 인천국제공항으로 강화되는 서울의 위상, Globalization Forum(지방의 국제화 포럼), 한국지방자치단체 국제화재단 제54권, 6월호, pp.7-9.

2003, 도시정체성 확립과 도시마케팅-김포시를 사례로-, 한국도시지리학회지, 제6권, 제2호, pp.1-7.

- 연구보고서(연구보고서, 연구용역보고서, 국제학술회의 Proceedings)
  1974, 국토개발의 장기전망과 개발방향, 건설부(연구용역).
  1980, 유통계층분석 및 유통통계개발, 경제기획원(연구용역).
  1982, 과천 신도시 CBD 개발을 위한 경제지리적 연구, 주택공사(연구용역).
  1986, Progress in Settlement System Geography, ed., by L.S. Bourne, B. Cori and K. Dziewonstsi, Franco Angeli, Milano(proceedings).

1987, 농촌지역 면급도시 기능활성화를 위한 연구: 지방시대를 위한 촌락정주공
  간, 문교부 정책과제(연구보고서).

1987, 산지 및 산촌사회개발 기본계획에 관한 기초연구: 조사지침 및 조사요령, 농
  림수산부, 농업진흥공사(연구보고서).

1990, 정주시 장기종합발전계획, 정주시(연구용역).

1994, Managing and Marketing of Urban Development and Urban Life, ed.,
  by Gerhard Braun, Dietrich Reimer Verlag, Berlin(proceedings).

1995, 영종도 신공항건설과 강서구 지역발전을 위한 대안, 서울 강서구청(연구용
  역).

2002, 지식정보사회의 국토관리, 서울대학교대학연구센터(연구보고서).

2002, Diversity of Urban Development and Urban Life, ed., by Inn Kim,
  Nam YoungWoo and Choi Jae Heun, Seoul National University Press,
  Seoul(proceedings).

2002, Monitoring Cities: International Perspective, ed., by Wayn K. D. Davies
  and Ivan J. Townshend, Graphcom Printers Ltd., Lethbridge, Alberta,
  Canada (proceedings).

2003, 서울시 강서구 마곡지구 개발구상 및 전략수립(용역보고서), 서울강서구청.

2004, Cities in Transition, ed., by Miroko Pak, K-tisk, Ljubljana, Slovenia
  (proceedings).

■ 학술활동

• 학술연구 발표

1984.8, The Contemporary Development of Korean Settlement System and
  Urban Policies, 세계지리학연합, 도시분과 연차국제학술회의, Pisa, Italy.

1987.2, The Role of Human Settlement System and National Development,
  日本 三重大學 韓·日 都市地理研究會, Nagoya, Japan.

1987.6, A Study for Strategy in Development of Functions of Small Towns in

Rural Areas, 제16차 太平洋科學大會 국제심포지엄, Seoul, Korea.

1988.8, A Strategic Consideration of Enhancing Rurally Oriented Small Town's Functions in Korea, 세계지리학연합, 도시분과 연차국제학술회의, Melbourne, Australia.

1990.8, Korea's Small and Medium Size Cities and their Settlement System, IGU Regional Conference, Beijing, China.

1994.6, 서울: 환태평양시대 동북아 Mega-City로서의 입지와 역할, 국제심포지엄, 서울시정개발 연구원.

1994.8, Global Perspective of Seoul as a World City in the Region of Pacific Rims, 세계지리학연합, 도시분과 연차국제학술회의, 자유백림대학, Berlin, Germany.

1995.6, 수도권 전략지역 개발연구 서울대 국토문제연구소, 콜로퀴엄.

1995.7, 신국제공항 건설과 수도권 전략지역 개발구상, 서울시정개발연구원.

1996.3, 김포공항의 활용방안에 관한 정책구상, 대우학술재단 도시지리연구회.

1998.6, 세계화시대의 서울/수도권 입지의 국제화 추진전략, 한국도시지리학회 춘계학술대회.

1999.4, Landfill/1-40/Exit 270, 서울대 국토문제연구소.

1999.7, A Study on Strategic Development of the Location of Seoul and its Metropolitan Region in the Era of Globalization, Nanging, China.

1999.12, 대도시지역 주택공급방안에 관한 시론적 연구-수도권을 중심으로-, 대한지리학회 추계학술대회.

2000.8, The Development and Prospect of the Korean Urban System, 세계지리학연합, 도시분과 연차국제학술회의, Seoul, Korea.

2001.5, 지하철 역세권 주상형 주상복합타운 개발컨셉구상 -서울지하철 역세권 지역을 대상으로-, 대한지리학회 추계학술대회.

2001.8, High-Rise Compound Building Construction on the Old Residential Areas near Subway Station, 세계지리학연합, 도시분과 연차국제학술회의, Calgary, Canada.

2001.12, 도시마케팅: 옛 서울 북촌 가회동 한옥밀집지구, 대한지리학회 추계학술대회.

2002.5, 都·農 混住타운 프로젝트 -파주시 교하면 미니도시를 사례로-, 대한지리학회 춘계학술대회.

2002.8, "Rurban Town" Project for the Sprawled New Mini Cities Surrounding Seoul in the Seoul Metropolitan Region, 세계지리학연합, 도시분과 연차국제학술회의.

2003.5, 도시의 정체성 확립을 위한 도시마케팅 연구, 대한지리학회 춘계학술대회.

2003.8, Plans for City Identity Establishment and City Marketing: the case study of Kimpo City, 세계지리학연합 도시분과 연차국제학술회의, Ljubljana, Slovenia.

2003.10, BRT(Bus Rapid Transmit) System과 도시마케팅 -김포시를 사례로-, 서울대 국토문제연구소, 콜로퀴엄.

2004.4, 복지형 고급저상버스 및 버스중앙차로제의 BRT System 연계방안, 김포시 주최 버스공영화 방안 공청회.

2004.5, 신행정수도 이전 입지 건설 및 국토균형개발을 위한 전략적 차원의 고찰, 대한지리학회 춘계학술대회.

2004.6, 마곡지구의 개발구상과 추진전략, 강서구 주최 심포지엄.

2005.5, 국가균형발전을 위한 국토공간의 발전전략계획, 대한지리학회 춘계학술대회.

2005.8, The National Collaborative Development Plan and "RIS" Project of the Nation's Five Mega Cities in Korea, 세계지리학연합 도시분과 연차국제학술회의, Tokyo, Japan.

2005.12, 21세기 신국토창조를 위한 공간경영 전략, 서울대 국토문제연구소(정년 퇴임 기념강연).

2006.2, 마곡지구 개발계획 발표에 따른 향후 추진방향, 국회의원 노현송 정책토론회, 논문 기조발제.

• 해외지역 학술답사

1977.5, 스페인 바르셀로나, 카스텔다필, 타라고나 도시지역 탑사 및 항공사진 판독, 네덜란드 ITC 주관.

1980.8, 일본 동경도, 교토, 나라시, 일본 중서부지역, 에도시대의 조공街道 지역, 세계지리학대회 Post Excursion 지역답사, 동경대학교 지리학과 주관.

1982.6, 일본 규슈지방 오이다시, 후쿠오카시, 기타규슈시, 나가사끼시 도시답사, 韓·日 공동 도시계획학회 주관.

1984.8, 이탈리아 피사, 피렌체, 밀라노, 로마, 바티칸시티 Scientific Excursion 지역답사, 피사대학 지리학과 주관.

1988.8, 호주 멜버른 올림픽 개최도시, 호주 동남부 빅토리아주 노천관광도시, 타스마니아섬 지역답사, 세계지리학연합 도시분과와 멜버른대학 지리학과 공동주관.

1990.8, 중국 淸朝代 王都 베이징, 북경 수도권 도시팽창지역, 하얼빈, 장춘, 송화강 상류 장백산 지역답사, 세계지리학연합 지역학술대회 집행부 주관.

1992.8.4~8, 미국 디트로이트 제네럴모터스, 포드자동차 도시, 디트로이트 CBD 르네상스 도심 재개발, 캐나다와 국경지역 도시답사, 디트로이트 지리학과 주관.

1994.8.27~31, 체코, 슬로바키아, 헝가리, 오스트리아 동구 4개국 Post Excursion 지역답사, 세계지리학연합 학술집행부 주관.

1996.6.18~21, 일본 대마도 답사, 한국문화역사지리학회.

1999.7.27~29, 난징, 소주, 상해, 상해푸동신도시, 난징대학 지리학과 주관.

2000.1.26~2.6, 베트남 하노이, 호치민(사이공), 캄보디아 프놈펜 등 주요도시 및 공산치하 도시계획, 베트남전쟁 상흔지역, 폴포트정권 학정지구 등 시찰, 대한국토·도시계획학회 주관.

2001.2.8~17, 메소포타미아 지방 고대도시문명지역답사(이라크 바그다드, 사마라, 모슬, 니느웨우르, 바빌론, 요르단의 암만, 페트라, 이집트 카이로), 대한국토·도시계획학회 주관.

2001.8.7~8, 캐나다 중서부도시 및 프레리, 록키산맥, 인디언 보호구역, 버팔로 서

식지 등 답사, 캘거리대학교 지리학과 주관.

2002.1.25~2.7, 중남미 고대도시 및 계획 도시 답사(멕시코의 마야, 아즈텍제국, 페루의 flak, 쿠쯔코, 맞추피추 잉카제국, 나스카라인 지상그림, 브라질의 꾸르지바 지상지하철 생태 도시, 계획도시 수도 브라질리아, 아르헨티나 이과수 폭포도시, 수력댐, 대한국토·도시계획학회 주관.

2002.6.14~20, 집안-백두산-북한·중·러 접경-연변지역, 한국문화역사지리학회 주관.

2002.8.1~3, 남아프리카 공화국의 프레토리아, 요하네스버그, 상고시대 유인원동굴, 레소토빈민지구, 금광지구답사, 프레토리아대학 지리학부 주관.

2003.8.22~25, Slovenia 주요 지방도시 및 포도주 생산 명문지역답사. 세계1차대전이 개전된 이태리, 오스트리아, 독일 참전국 전선 탐방. 류브리아나 대학 지리학부 주관.

2004.1.27~2.6, 인도의 자이프루, 아그라, 델리 고대도시, 계획도시 찬디가르 및 뭄바이, 뉴델리, 캘커타 등 7개 도시, 대한국토·도시계획 학회 주관.

2004.6.20~25, Mongol-Baikal 지역일대 답사, 한국문화역사지리학회 주관.

2005.8.25~28, 일본 동경권 포함 중부지방 답사, 릿교대학 지리학부 주관.

2007.6.24~30, 중국 실크로드(란주→가욕관→주천→돈황→투르판→우루무치→북경) 답사, 한국문화역사지리학회 주관.

2007.8.6~14, 중국 광동-심천-홍콩-마카오 답사, 중국 중산대학 지리학부 주관.